非递归模型：内生性、互反关系与反馈环路

帕梅拉·M.帕克斯顿(Pamela M.Paxton)
[美] 约翰·R.希普(John R.Hipp) 著
桑德拉·马奎特-派亚特(Sandra Marquart-Pyatt)
范新光 译 武玲蔚 校

SAGE Publications, Inc.

格致出版社 上海人民出版社

出版说明

由香港科技大学社会科学部吴晓刚教授主编的“格致方法·定量研究系列”丛书，精选了世界著名的 SAGE 出版社定量社会科学研究丛书，翻译成中文，起初集结成八册，于 2011 年出版。这套丛书自出版以来，受到广大读者特别是年轻一代社会科学工作者的热烈欢迎。为了给广大读者提供更多的方便和选择，该丛书经过修订和校正，于 2012 年以单行本的形式再次出版发行，共 37 本。我们衷心感谢广大读者的支持和建议。

随着与 SAGE 出版社合作的进一步深化，我们又从丛书中精选了三十多个品种，译成中文，以飨读者。丛书新增品种涵盖了更多的定量研究方法。我们希望本丛书单行本的继续出版能为推动国内社会科学定量研究的教学和研究作出一点贡献。

总 序

2003年，我赴港工作，在香港科技大学社会科学部教授研究生的两门核心定量方法课程。香港科技大学社会科学部自创建以来，非常重视社会科学研究方法论的训练。我开设的第一门课“社会科学里的统计学”(Statistics for Social Science)为所有研究型硕士生和博士生的必修课，而第二门课“社会科学中的定量分析”为博士生的必修课(事实上，大部分硕士生在修完第一门课后都会继续选修第二门课)。我在讲授这两门课的时候，根据社会科学研究生的数理基础比较薄弱的特点，尽量避免复杂的数学公式推导，而用具体的例子，结合语言和图形，帮助学生理解统计的基本概念和模型。课程的重点放在如何应用定量分析模型研究社会实际问题上，即社会研究者主要为定量统计方法的“消费者”而非“生产者”。作为“消费者”，学完这些课程后，我们一方面能够读懂、欣赏和评价别人在同行评议的刊物上发表的定量研究的文章；另一方面，也能在自己的研究中运用这些成熟的方法论技术。

上述两门课的内容，尽管在线性回归模型的内容上有少量重复，但各有侧重。“社会科学里的统计学”从介绍最基本的社会研究方法论和统计学原理开始，到多元线性回归模型结束，内容涵盖了描述性统计的基本方法、统计推论的原理、假设检验、列联表分析、方差和协方差分析、简单线性回归模型、多元线性回归模型，以及线性回归模型的假设和模型诊断。“社会科学中的定量分析”则介绍在经典线性回归模型的假设不成立的情况下的一些模型和方法，将重点放在因变量为定类数据的分析模型上，包括两分类的 logistic 回归模型、多分类 logistic 回归模型、定序 logistic 回归模型、条件 logistic 回归模型、多维列联表的对数线性和对数乘积模型、有关删节数据的模型、纵贯数据的分析模型，包括追踪研究和事件史的分析方法。这些模型在社会科学研究中有着更加广泛的应用。

修读过这些课程的香港科技大学的研究生，一直鼓励和支持我将两门课的讲稿结集出版，并帮助我将原来的英文课程讲稿译成了中文。但是，由于种种原因，这两本书拖了多年还没有完成。世界著名的出版社 SAGE 的“定量社会科学研究”丛书闻名遐迩，每本书都写得通俗易懂，与我的教学理念是相通的。当格致出版社向我提出从这套丛书中精选一批翻译，以飨中文读者时，我非常支持这个想法，因为这从某种程度上弥补了我的教科书未能出版的遗憾。

翻译是一件吃力不讨好的事。不但要有对中英文两种语言的精准把握能力，还要有对实质内容有较深的理解能力，而这套丛书涵盖的又恰恰是社会科学中技术性非常强的内容，只有语言能力是远远不能胜任的。在短短的一年时间里，我们组织了来自中国内地及香港、台湾地区的二十几位研究生参与了这项工程，他们当时大部分是香港科技大学的硕士和博士研究生，受过严格的社会科学统计方法的训练，也有来自美国等地对定量研究感兴趣的博士研究生。他们是香港科技大学社会科学部博士研究生蒋勤、李骏、盛智明、叶华、张卓妮、郑冰岛，硕士研究生贺光烨、李兰、林毓玲、肖东亮、辛济云、於嘉、余珊珊，应用社会经济研究中心研究员李俊秀；香港大学教育学院博士研究生洪岩璧；北京大学社会学系博士研究生李丁、赵亮员；中国人民大学人口学系讲师巫锡炜；中国台湾"中央"研究院社会学所助理研究员林宗弘；南京师范大学心理学系副教授陈陈；美国北卡罗来纳大学教堂山分校社会学系博士候选人姜念涛；美国加州大学洛杉矶分校社会学系博士研究生宋曦；哈佛大学社会学系博士研究生郭茂灿和周韵。

参与这项工作的许多译者目前都已经毕业，大多成为中国内地以及香港、台湾等地区高校和研究机构定量社会科学方法教学和研究的骨干。不少译者反映，翻译工作本身也是他们学习相关定量方法的有效途径。鉴于此，当格致出版社和 SAGE 出版社决定在"格致方法·定量研究系列"丛书中推出另外一批新品种时，香港科技大学社会科学部的研究生仍然是主要力量。特别值得一提的是，香港科技大学应用社会经济研究中心与上海大学社会学院自 2012 年夏季开始，在上海（夏季）和广州南沙（冬季）联合举办《应用社会科学研究方法研修班》，至今已经成功举办三届。研修课程设计体现"化整为零、循序渐进、中文教学、学以致用"的方针，吸引了一大批有志于从事定量社会科学研究的博士生和青年学者。他们中的不少人也参与了翻译和校对的工作。他们在繁忙的学习和研究之余，历经近两年的时间，完成了三十多本新书的翻译任务，使得"格致方法·定量研究系列"丛书更加丰富和完善。他们是：东南大学社会学系副教授洪岩璧，香港科技大学社会科学部博士研究生贺光烨、李忠路、王佳、王彦蓉、许多多，硕士研究生范新光、缪佳、武玲蔚、臧晓露、曾东林，原硕士研究生李兰，密歇根大学社会学系博士研究生王骁，纽约大学社会学系博士研究生温芳琪，牛津大学社会学系研究生周穆之，上海大学社会学院博士研究生陈伟等。

陈伟、范新光、贺光烨、洪岩璧、李忠路、缪佳、王佳、武玲蔚、许多多、曾东林、周穆之，以及香港科技大学社会科学部硕士研究生陈佳莹，上海大学社会学院硕士研究生梁海祥还协助主编做了大量的审校工作。格致出版社编辑高璇不遗余力地推动本丛书的继续出版，并且在这个过程中表现出极大的耐心和高度的专业精神。对他们付出的劳动，我在此致以诚挚的谢意。当然，每本书因本身内容和译者的行文风格有所差异，校对未免挂一漏万，术语的标准译法方面还有很大的改进空间。我们欢迎广大读者提出建设性的批评和建议，以便再版时修订。

我们希望本丛书的持续出版，能为进一步提升国内社会科学定量教学和研究水平作出一点贡献。

吴晓刚

于香港九龙清水湾

目 录

序

线性结构方程模型(SEM)是一个回归方程中的响应变量(或因变量)在另一个方程中充当解释变量(或自变量)的多方程线性回归模型。模型被冠以“结构”二字是因为它们的最初用途在于估计结构或因果关系。因为SEM的现有应用通常涉及潜变量,帕克斯顿、希普和马奎特-派亚特采用了严格定义的术语“联立方程模型”以描述除结构干扰项(例如结构方程中的误差项而非显变量的测量误差)之外没有潜变量存在的SEM。这些显变量联立方程模型是这本书的主题。尤其是,它们关注非递归线性联立方程模型。在这一模型中,一个结构方程的一些解释变量可能与方程的误差项相关。非递归模型无法通过一般最小二乘回归(OLS)进行一致地估计。

从它们在一些学科中的起源来说,联立方程模型于20世纪60年代至70年代在社会科学中变得很流行。并且SEM现在被广泛地应用于学科之中。然而,我仍然对这些模型的大部分使用者,甚至一些发表过关于这一主题研究的作者,在理解上存在盲区感到震惊。例如,许多结构方程的使用者好像没有理解识别问题——如何判断一个设定的模型是否可以通过数据估计。

作为关于非递归联立方程模型的专论,本书将注意力重新集中到结构方程的基本问题上,包括模型的设定、识别、估计、评估和解释。作者探讨了一些经常被忽略的问题,例如有限信息估计方法(与此相对的是诸如多元正态完全信息最大似然法之类的完全信息估计方法),以及最常用的两阶段最小二乘估计方法和工具变量的质量评估。

我期望联立方程模型的大部分使用者——不论是在本书中所使用的狭义定义还是包含潜变量的SEM所使用的更广义的定义——都会从本书中得到收益。

原版编者按:本书始于该系列的前任编辑廖福挺的指导。

约翰·福克斯

第1章

导　言

整个社会科学领域的学者都注意到,通过观察数据所预测的模型很可能被一个或更多的预测变量带来的内生性所影响。的确,社会科学家经常构建能够在多重结果之中阐释互反关系(reciprocal relationships)和反馈环路(feedback loops)的模型。但是许多社会科学家可能低估了"非递归模型"(nonrecursive model)所导致的内生性,或者并未察觉到如何利用模型解决这一问题。结果,经常有研究者采用实际上忽略了可能的内生性和导致有偏估计的估计策略。同样的问题存在于非递归模型的结果解释和估计上,因为这些模型的假设在统计或理论上可能并不恰当。

本书描绘了适用于非递归联立方程模型分析的方法的概况。在社会科学里,研究者通常使用单方程研究某些自变量对单一结果的影响,而联立方程模型则包含至少两个方程。一个非递归联立方程模型需满足:(1)两个结果相互影响(互反关系)或者在方程体系的某一点存在反馈环(例如,因果路径可以通过一个变量追溯至自身),以及(或者)(2)至少有一些干扰项是相关的。如果不存在假定的互反关系或者反馈环,并且假定方程的误差项不相关,那么模型可以被定义为完全递归(fully recursive)的。

带着对非递归模型的关注，我们在此介绍联立方程模型的设定、识别和估计，如何评估估计值的质量，以及如何正确地解释这些结果。在非递归模型之中，一个方程的识别（证明参数的唯一值可以被预测）通常需要将一个变量纳入其中，这一变量与问题变量相关，但是与方程干扰项并不相关，通常被称为工具变量。本书的另一个关注点在于介绍工具变量的恰当选择、使用和评估过程。需要强调的是，无论使用哪一个预测值，合理选择工具变量都很重要。

综观本书，我们囊括了关于联立方程非递归模型的两个互补视角。首先，联立方程在包含潜变量的结构方程模型（SEM）文献中已有提及（如，Bollen，1989b；Kaplan，2009）[1]。结构方程模型的文献强调利用路径图进行模型设定、完全信息估计以及模型适用的整体评估。但是，由于忽略非递归模型、缺乏对单个方程的评估以及很少讨论非递归模型中的工具变量的质量，联立方程的结构方程模型取向是存在局限性的。许多联立方程的结构方程模型处理几乎无一例外地专注于完全信息估计策略，例如最大似然估计法。但是有限信息取向（approach）对于一些检验颇为有用，例如模型中单个方程的评估。对于最大似然法的过分执着使得研究者很难找到评估非递归模型的假设的有效工具。

联立方程模型的互补取向源自计量经济学传统（如，Greene，2008；Kennedy，2008；Wooldridge，2002、2009）[2]。计量经济学的文献强调联立方程模型与传统回归方法的假设违背之间的联系，强调使用工具变量识别非递归模型以及在更广泛程度上关注有限信息的估计值。但是由于计量经济学关注单个方程，所以它并不强调结果的解释作为多方程模型的组成部分。而且,工具变量评估的范围很少是完善和具有可比性的。

综观本书,我们的立场是诸如两阶段最小二乘法之类的有限信息估计,并不是过时的方法,因此研究者在使用结构方程软件包时不能将其自然而然地忽略。我们认为对于非递归模型的清晰详尽的描述在如今来看很有必要。随着统计软件的操作越来越便利,如今社会科学家没有必要完全理解非递归模型特点,就可以估计出它们。许多完全信息的估计软件并没有提供对模型方程进行逐个检验的程序以进行模型质量评估。重要的信息包含在了这些模型的简化方程(reduced-form equations)之中;对于那些接受完全信息估计取向的研究者而言,这无疑如同一块黑幕。通过将计量经济学和结构方程取向结合并纳入联立方程模型研究之中,这本书提供了一个"返璞归真"(back to basics)的取向,对那些希望估计非递归模型的研究者很有帮助。本书围绕我们提出的建模过程中的五个步骤展开:设定、识别、估计、评估以及解释。丛书中相关的一些书集中于特定的步骤:例如,Berry(1984)详细描述了识别过程。

在我们的书中,我们假设读者已经掌握了多元回归分析的知识。如果读者了解 SEM 的知识,那么他们会获益更多。对 SEM 的很好的叙述可参见 Bollen(1989b)和 Kaplan(2009)。我们通常通过路径图、方程或矩阵方程对模型进行展现和讨论。Gill(2006,第 3 章和第 4 章),Fox(2009)和 Namboodiri(1984)对矩阵代数有很好的介绍。关于利用单一模型进行估计的软件,如 SAS 和 Stata,我们也提供了一些例子。

第2章

设　定

在模型设定时，研究者基于已有理论详细设定一系列方程，并用路径模型、方程和(或)矩阵表示它们。联立方程模型包含随机变量(例如观察变量和误差项)和结构参数(例如表示截距和变量间关系的常数)。联立方程模型中的变量可以通过直接关系、间接关系、互反关系、反馈环和(或)干扰项之间的相关系数进行连接。理论在模型构建中扮演了工具性的角色，并且决定了相关变量之间的理论或结构性的关系。实证方法会评估这些设定模型对于数据的契合度，我们会在后面讨论。

联立方程模型的一般矩阵表达式为方程 2.1：

$$\boldsymbol{y}=\mathbf{B}\boldsymbol{y}+\boldsymbol{\Gamma x}+\boldsymbol{\zeta} \qquad [2.1]$$

内生变量定义为 $\boldsymbol{y}$，是结果变量或者在模型内决定的变量。内生变量的向量包含了 $p\times 1$ 个维度。外生变量，定义为 $q\times 1$，$\boldsymbol{x}$ 是模型中的外生变量(即，它们并未被模型解释)。出于计算方便的考虑，随机变量被假设为偏离它们的均值。干扰项，或方程中的误差，表示为 $\boldsymbol{\zeta}$，它是一个 $p\times 1$ 列向量。每个内生变量都有一个干扰项，因此其维度相似。伽马系数(γ)描述外生变量对内生变量的影响，构成相关系

数矩阵 $\mathbf{\Gamma}$，其维度为 $p \times q$。贝塔系数(β)描述了一个内生变量对另一个内生变量的影响，构成相关系数矩阵 $\mathbf{B}$，维度为 $p \times p$。表 2.1 总结了联立方程模型的要素，包括列/矩阵的名称、定义和维度(Bollen，1989b；Kaplan，2009)。

在表 2.1 中，另外两个协方差矩阵在描述联立方程模型时同样重要。标记为 Φ 的矩阵是外生变量(x)的方差/协方差矩阵，Ψ 是干扰项(ζ)的协方差矩阵。两个协方差矩阵都是对称的。

表 2.1 联立方程模型的术语

列/矩阵		定义	维度
变量			
	$\mathbf{y}$	内生变量	$p \times 1$
	$\mathbf{x}$	外生变量	$q \times 1$
	$\boldsymbol{\zeta}$	干扰项或方程误差	$p \times 1$
相关系数			
	$\mathbf{\Gamma}$	外生变量的相关系数矩阵；外生变量对内生变量的影响；x 对 y 的直接影响	$p \times q$
	$\mathbf{B}$	内生变量的相关系数矩阵；内生变量对内生变量的影响；y 对 y 的直接影响	$p \times p$
协方差矩阵			
	$\mathbf{\Phi}$	外生变量 x 的协方差矩阵	$q \times q$
	$\mathbf{\Psi}$	干扰项 ζ 的协方差矩阵	$p \times p$

模型需要一系列的假设。联立方程模型假设内生和外生变量可以直接被测量并且不存在测量误差。干扰项包括所有影响 $\mathbf{y}$ 的变量，这些变量被方程所忽略并且被假设为期望值为 0[$\mathbf{E}(\boldsymbol{\zeta})=0$]。干扰项进一步假设为与外生变量无关、同方差以及非自相关的。这些假设是可能被违背的；本书会讨论一些违背情况，另一些可参见其他的文献。(例如，Kmenta，1997)随机变量被假定为对自身没有瞬时效应。

第 1 节 | 路径图、方程、矩阵:一个设定的例子

路径图(path diagram)以图形的方式表现理论模型中变量如何相互影响。路径图使用特定的符号:长方形中的变量是被观察的变量,单箭头指示影响的方向,双箭头表示模型并未解释的协方差。方程中的误差技术上可以放入椭圆(表示未观察的或潜变量),但它们往往不被放入封闭的图形内。图 2.1 是包含了两个外生变量和两个内生变量的非递归模型的路径图。按照上面介绍的术语,伽马系数表示外生变量(x)对内生变量(y)的直接影响:γ_{11} 代表 x_1 到 y_1 路径的相关系数,γ_{12} 是 x_2 到 y_1 路径的相关系数,γ_{22} 是 x_2 到 y_2 路径的相关系数。[3] β_{21} 是路径 y_1 到 y_2 路径的相关系数。[4]

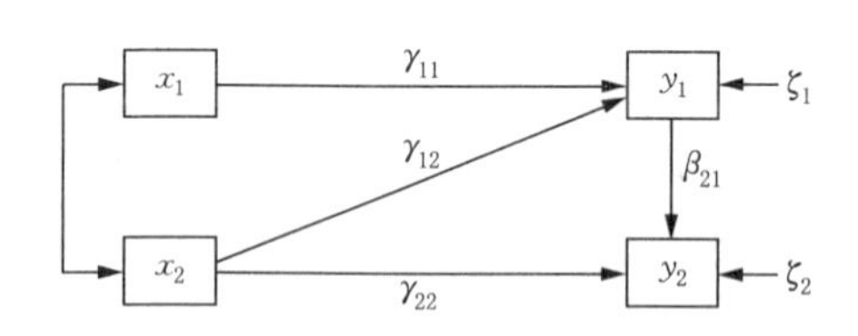

图 2.1 非递归模型的路径图

模型可写为一系列的方程,每个都包含一个内生变量。对应图 2.1 的路径图的两个方程如下(假定随机变量偏离它

们的均值,截距项并不必要):

$$y_1 = \gamma_{11} x_1 + \gamma_{12} x_2 + \zeta_1 \qquad [2.2]$$

$$y_2 = \beta_{21} y_1 + \gamma_{22} x_2 + \zeta_2 \qquad [2.3]$$

这两种表达是等价的,尽管等式并没有给出 ζ_1 和 ζ_2 不相关这一重要信息。

同样的模型最终可以写作矩阵等式:

$$\begin{bmatrix} y_1 \\ y_2 \end{bmatrix} = \begin{bmatrix} 0 & 0 \\ \beta_{21} & 0 \end{bmatrix} \begin{bmatrix} y_1 \\ y_2 \end{bmatrix} + \begin{bmatrix} \gamma_{11} & \gamma_{12} \\ 0 & \gamma_{22} \end{bmatrix} \begin{bmatrix} x_1 \\ x_2 \end{bmatrix} + \begin{bmatrix} \zeta_1 \\ \zeta_2 \end{bmatrix}$$

[2.4]

将两个内生变量放入模型,$\mathbf{y}$ 列的维度为 2×1。矩阵 $\mathbf{B}$ 是内生变量的相关系数矩阵,包括 β_{21}, y_1 对 y_2 的影响。矩阵 $\mathbf{\Gamma}$ 包含了外生变量对内生变量影响的相关系数,维度为 2×2。在 ζ 中的两个干扰项可写为维度为 2×1 的列向量。

外生变量的方差以及所假定的协方差可写为矩阵 $\mathbf{\Phi}$,维度为 2×2。[5] 我们遵循一般转换,将其写为简化的对称矩阵。矩阵 $\mathbf{\Psi}$ 包含了方程误差的方差,维度为 2×2。在这个模型中,矩阵 $\mathbf{\Psi}$ 是对角的,即干扰项是不相关的:

$$\mathbf{\Phi} = \begin{bmatrix} \Phi_{11} & \\ \Phi_{21} & \Phi_{22} \end{bmatrix}$$

$$\mathbf{\Psi} = \begin{bmatrix} \Psi_{11} & \\ 0 & \Psi_{22} \end{bmatrix} \qquad [2.5]$$

矩阵方程显现出联立方程模型的一些特征。例如,变量对自身没有瞬时影响,显示为矩阵 $\mathbf{B}$ 的右对角的 0。

第2节 | 从理论到模型：隐含的协方差矩阵

对样本中单一个案的关注转向对变量之间协方差的关注，这一参考依据的转换，有助于联立方程模型的理解(Bollen, 1989b)。[6]这一关注基于基本的统计假设：

$$\boldsymbol{\Sigma}=\boldsymbol{\Sigma}(\boldsymbol{\theta}) \qquad [2.6]$$

其中 $\boldsymbol{\Sigma}$ 是被观察变量的总体协方差矩阵，$\boldsymbol{\theta}$ 是要估计的参数列，$\boldsymbol{\Sigma}(\boldsymbol{\theta})$ 是模型(写为模型参数的一个方程)所含的协方差矩阵。在外行人看来，等式2.6等于“你的数据”(在总体层面)和“你的模型”。这完全是常规统计方法的范畴。基本的统计假设贯穿于联立方程模型设定、识别、估计和评估的整个建模过程之中。

为了理解 $\boldsymbol{\Sigma}=\boldsymbol{\Sigma}(\boldsymbol{\theta})$ 与设定模型之间的关系，我们有必要返回到这一方法的宏观图景。研究者一般会有一组他们感兴趣的变量，并且对合理纳入这些变量的模型了然于胸。这一模型可以表示为一组等式或一个路径图。

模型设定和估计所需的大部分信息暗含于观察变量的方差和协方差之中。即，变量之间的大致关联可以从矩阵 $\boldsymbol{\Sigma}$ 获得，并且至少对于总体而言是已知的。

研究者的模型显现出变量之间的相关关系基于假设的结构。考虑图 2.2 中显示的三个模型 A、B 和 C。图 2.2 中的所有模型都使用了相同的三个变量：两个内生变量（y_1 和 y_2）和一个外生变量（x_1）。但每一个模型的结构不同。

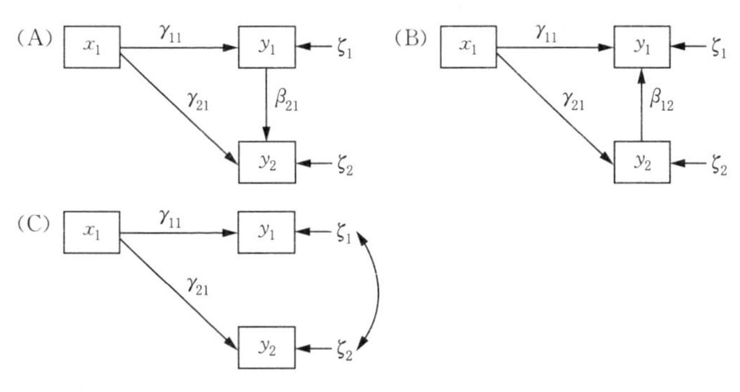

图 2.2 相同变量的三个模型

在图 2.2 中，A 中的内生变量 y_1 和 y_2 都依赖于外生变量 x_1，并且 y_1 影响 y_2。在图 2.2 中，B 中的两个外生变量同样依赖于外生变量 x_1，但是 y_2 影响 y_1。在模型 C 中，两个内生变量依赖于外生变量 x_1。通过它们误差之间的关系，这些模型事实上并非完全分割。此时，理论会启发研究者选择正确的模型。

创建暗含的协方差矩阵 $\mathbf{\Sigma}(\boldsymbol{\theta})$，允许研究者对假设的模型和被观察变量的已知方差和协方差的关系进行分解。例如，考虑 x_1 和 y_1 之间的协方差：$\mathrm{COV}(x_1, y_1)$。这是一个在总体中已知的量；两个变量之间的相关系数也是已知的。图 2.2 中的模型 A 告诉我们关于这一相关的什么信息呢？通过对 x_1 和 y_1 模型方程进行替换，我们能找到

答案:

$$\mathrm{COV}(x_1, y_1) = \mathrm{COV}(x_1, \gamma_{11}x_1 + \zeta_1) \quad [2.7]$$

协方差代数式通过转换可得:[7]

$$\mathrm{COV}(x_1, y_1) = \mathrm{COV}(x_1, \gamma_{11}x_1) + \mathrm{COV}(x_1, \zeta_1)$$

假设外生变量与干扰项无关,因此,

$$\mathrm{COV}(x_1, y_1) = \gamma_{11}\mathrm{VAR}(x_1)$$

最终,外生变量 x_1 的方差即模型要估计的参数。它表示为矩阵 $\mathbf{\Phi}$。代入可得:

$$\mathrm{COV}(x_1, y_1) = \gamma_{11}\Phi_{11} \quad [2.8]$$

方程 2.8 给出了模型暗含的协方差 $\mathrm{COV}(x_1, y_1)$。在图 2.2 的模型 A 中,x_1 和 y_1 的协方差取决于 $x_1(\Phi_{11})$ 和它对 $y_1(\gamma_{11})$ 的影响。

当然,$\mathrm{COV}(x_1, y_1)$ 仅仅是三个变量之间的六个可能的方差或协方差之一。被观测变量的完整协方差矩阵为:

$$\mathbf{\Sigma} = \begin{bmatrix} \mathrm{VAR}(y_1) & & \\ \mathrm{COV}(y_2, y_1) & \mathrm{VAR}(y_2) & \\ \mathrm{COV}(x_1, y_1) & \mathrm{COV}(x_1, y_2) & \mathrm{VAR}(x_1) \end{bmatrix}$$

对于这个特定的模型,在总体中包含六个方差和协方差,每一个都可以被写为图 2.2 模型 A 中的理论模型的一个方程。再例如,考虑 x_1 和 y_2 的协方差。我们再通过替换理论模型的方程来看看它告诉我们什么。

$$\mathrm{COV}(x_1, y_2) = \mathrm{COV}(x_1, \beta_{21}y_1 + \gamma_{21}x_1 + \zeta_2) \quad [2.9]$$

变量 y_1 是内生的并且需要进一步变换：

$$\begin{aligned}\mathrm{COV}(x_1, y_2) &= \mathrm{COV}(x_1, \beta_{21}(\gamma_{11}x_1+\zeta_1)+\gamma_{21}x_1+\zeta_2) \\ &= \mathrm{COV}(x_1, \beta_{21}\gamma_{11}x_1)+\mathrm{COV}(x_1, \beta_{21}\zeta_1) \\ &\quad +\mathrm{COV}(x_1, \gamma_{21}x_1)+\mathrm{COV}(x_1, \zeta_2) \\ &= \beta_{21}\gamma_{11}\Phi_{11}+\gamma_{21}\Phi_{11}\end{aligned} \qquad [2.10]$$

简而言之，理论模型显示 x_1 和 y_2 之间的关系取决于 x_1 对 y_2 的直接影响以及 x_1 通过 y_1 对 y_2 的间接影响。用这种方式分解协方差显示出，在路径图和方程中指定的模型何以与 $\mathbf{\Sigma}$ 中的被观察协方差相关。为了得到模型暗含的协方差矩阵，研究者需要计算四个暗含的协方差。

$$\mathrm{COV}(y_1, y_2)=\gamma_{11}{}^2\beta_{21}\Phi_{11}+\gamma_{11}\gamma_{21}\Phi_{11}+\beta_{21}\Psi_{11}$$

$$\mathrm{VAR}(x_1)=\mathrm{COV}(x_1, x_1)=\Phi_{11}$$

$$\mathrm{VAR}(y_1)=\gamma_{11}{}^2\Phi_{11}+\Psi_{11}$$

$$\begin{aligned}\mathrm{VAR}(y_2) &= (\beta_{21}{}^2\gamma_{11}{}^2\Phi_{11}+2\beta_{21}\gamma_{11}\gamma_{21}+\gamma_{21}{}^2)\Phi_{11} \\ &\quad +\beta_{21}{}^2\Psi_{11}+\Psi_{22}\end{aligned}$$

结合所得，对于图 2.2 中的三变量模型，被观察的协方差矩阵 $\mathbf{\Sigma}$ 为：

$$\mathbf{\Sigma}=\begin{bmatrix}\mathrm{VAR}(y_1) & & \\ \mathrm{COV}(y_2, y_1) & \mathrm{VAR}(y_2) & \\ \mathrm{COV}(x_1, y_1) & \mathrm{COV}(x_1, y_2) & \mathrm{VAR}(x_1)\end{bmatrix} \qquad [2.11]$$

并且模型包含的协方差矩阵 $\mathbf{\Sigma}(\boldsymbol{\theta})$ 为：

$$\boldsymbol{\Sigma}(\boldsymbol{\theta}) = \begin{bmatrix} \gamma_{11}{}^{2}\Phi_{11} + \Psi_{11} & & \\ (\gamma_{11}{}^{2}\beta_{21} + \gamma_{11}\gamma_{21})\Phi_{11} + \beta_{21}\Psi_{11} & (\beta_{21}{}^{2}\gamma_{11}{}^{2}\Phi_{11} + 2\beta_{21}\gamma_{11}\gamma_{21} + \gamma_{21}{}^{2})\Phi_{11} + \beta_{21}{}^{2}\Psi_{11} + \Psi_{22} & \\ \gamma_{11}\Phi_{11} & \beta_{21}\gamma_{11}\Phi_{11} + \gamma_{21}\Phi_{11} & \Phi_{11} \end{bmatrix} \qquad [2.12]$$

基本的统计假设，$\boldsymbol{\Sigma}=\boldsymbol{\Sigma}(\boldsymbol{\theta})$，意味着方程 2.11 中的每个成分和方程 2.12 中的成分对等。$\boldsymbol{\Sigma}$ 和 $\boldsymbol{\Sigma}(\boldsymbol{\theta})$ 的这一关系将贯穿本书。

需要重申的是，$\boldsymbol{\Sigma}(\boldsymbol{\theta})$ 的成分是研究者理论模型的一个方程，它可以表现为路径图，方程和矩阵。如果我们要计算图 2.2 中模型 **B** 的协方差矩阵，结果和方程 2.12 会略有不同。假设的模型发生变动，那么协方差矩阵随之变化。

本书的内容将会显示 $\boldsymbol{\Sigma}$ 和 $\boldsymbol{\Sigma}(\boldsymbol{\theta})$ 的关系对联立方程组模型的建模过程极为关键。例如，在识别过程中，研究者将会利用这一关系解决未知的模型参数问题。

第3节 简单回归暗含的协方差矩阵

方便起见，我们先讨论如何确定包含一个外生变量和一个内生变量的简单回归模型的协方差矩阵：

$$y_1 = \gamma_{11} x_1 + \zeta_1 \qquad [2.13]$$

对于这个模型，在总体层面存在三个方差和协方差，如 $\mathbf{\Sigma}$ 所示：

$$\mathbf{\Sigma} = \begin{bmatrix} \mathrm{VAR}(y_1) & \\ \mathrm{COV}(x_1, y_1) & \mathrm{VAR}(x_1) \end{bmatrix} \qquad [2.14]$$

对于一个简单回归模型，为了得出模型暗含的协方差矩阵 $\mathbf{\Sigma}(\boldsymbol{\theta})$，我们首先解出 $\mathrm{VAR}(x_1)$，它可被写为 $\mathrm{COV}(x_1, x_1)$。如前所述，在这个模型中外生变量 x_1 的方差是模型要估计的参数并且显现在矩阵 $\mathbf{\Phi}$ 中。

$$\mathrm{COV}(x_1, x_1) = \Phi_{11} \qquad [2.15]$$

我们转向 $\mathrm{COV}(x_1, y_1)$，利用方程 2.13 对 y_1 进行替换：

$$\begin{aligned} \mathrm{COV}(x_1, y_1) &= \mathrm{COV}(x_1, \gamma_{11} x_1 + \zeta_1) \\ &= \gamma_{11} \mathrm{VAR}(x_1) = \gamma_{11} \Phi_{11} \end{aligned} \qquad [2.16]$$

下面，我们求 y_1 或 $\mathrm{COV}(y_1, y_1)$ 的方差。首先，对 y_1

进行替换：

$$\mathrm{COV}(y_1, y_1) = \mathrm{COV}(\gamma_{11}x_1 + \zeta_1, \gamma_{11}x_1 + \zeta_1)$$

利用协方差代数法则可得

$$\mathrm{COV}(y_1, y_1) = \mathrm{COV}(\gamma_{11}x_1, \gamma_{11}x_1) + \mathrm{COV}(\gamma_{11}x_1, \zeta_1) + \mathrm{COV}(\zeta_1, \gamma_{11}x_1) + \mathrm{COV}(\zeta_1, \zeta_1)$$

根据外生变量和干扰项无关的假定，可得

$$\begin{aligned}\mathrm{COV}(y_1, y_1) &= \mathrm{COV}(\gamma_{11}x_1, \gamma_{11}x_1) + \mathrm{COV}(\zeta_1, \zeta_1)\\ &= \gamma_{11}{}^2\Phi_{11} + \Psi_{11}\end{aligned} \qquad [2.17]$$

将各部分代入可得：

$$\boldsymbol{\Sigma} = \boldsymbol{\Sigma}(\boldsymbol{\theta})$$

$$\begin{bmatrix}\mathrm{VAR}(y_1) & \\ \mathrm{COV}(x_1, y_1) & \mathrm{VAR}(x_1)\end{bmatrix} = \begin{bmatrix}\gamma_{11}{}^2\Phi_{11} + \Psi_{11} & \\ \gamma_{11}\Phi_{11} & \Phi_{11}\end{bmatrix} \qquad [2.18]$$

这一基本的统计假设，$\boldsymbol{\Sigma} = \boldsymbol{\Sigma}(\boldsymbol{\theta})$，意味着 $\boldsymbol{\Sigma}$ 的每个元素都和 $\boldsymbol{\Sigma}(\boldsymbol{\theta})$ 中的对应元素相等。

$$\mathrm{VAR}(y_1) = \gamma_{11}{}^2\Phi_{11} + \Psi_{11}$$
$$\mathrm{COV}(x_1, y_1) = \gamma_{11}\Phi_{11}$$
$$\mathrm{VAR}(x_1) = \Phi_{11}$$

我们可以求得回归系数 γ_{11}：

$$\gamma_{11} = \frac{\mathrm{COV}(x_1, y_1)}{\Phi_{11}} = \frac{\mathrm{COV}(x_1, y_1)}{\mathrm{VAR}(x_1)}$$

这便是任何计量经济学入门教材中都会提及的著名等式。

第4节 | 递归和非递归模型

联立方程模型主要可以分为两种类型:递归与非递归。递归联立方程模型没有相互关系或反馈环,方程干扰项之间也没有协方差(一个方程的干扰项与其他所有方程的干扰项都不相关)。形式上而言,在非递归模型中,**B** 可以被写为下三角矩阵,并且 **Ψ** 是对角矩阵。

一个联立方程模型是非递归的需要满足:1.模型的任何结果都直接影响另外一个结果(互反关系)或者在方程系统的某一点存在反馈环(在一个因果路径中,一个变量能追溯到本身);2.至少存在干扰项之间是相关的。

在前面的部分,我们引入了一个包含两个内生变量和两个外生变量的简单模型。如路径图和矩阵所阐释,模型是递归的。对路径图的验证(图 2.1)显示并不存在相互连接或反馈环。而且,方程的误差项并不相关。对矩阵方程 2.4 和 2.5 的验证也显示其为递归模型:矩阵 **B** 可以被写为下三角矩阵,矩阵 **Ψ** 可以被写为对角矩阵。

相反,图 2.3 中,模型 A 和模型 B 是两类非递归模型。模型 A 是非递归的是因为 y_1 和 y_2 之间的相互路径以及 ζ_1 和 ζ_2 之间的相关误差(其中任何一项的存在都足以断言模型是非递归的)。在图 2.3 中,模型 B 是非递归的是因为在 y_1、

y_2 和 y_3 之间存在反馈环。注意，y_1 通过 y_2 和 y_3 的变化可以追溯到自身。相似地，y_2 和 y_3 也可以追溯到自身。[8]

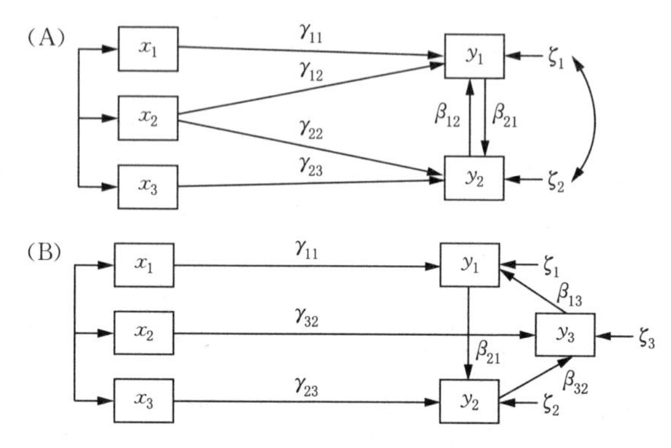

图 2.3　两个非递归模型

对于图 2.3 中的模型 A,模型的方程如下所示：

$$y_1 = \beta_{12} y_2 + \gamma_{11} x_1 + \gamma_{12} x_2 + \zeta_1 \qquad [2.19]$$

$$y_2 = \beta_{21} y_1 + \gamma_{22} x_2 + \gamma_{23} x_3 + \zeta_2 \qquad [2.20]$$

模型的矩阵方程如下所示：

$$\begin{bmatrix} y_1 \\ y_2 \end{bmatrix} = \begin{bmatrix} 0 & \beta_{12} \\ \beta_{21} & 0 \end{bmatrix} \begin{bmatrix} y_1 \\ y_2 \end{bmatrix} + \begin{bmatrix} \gamma_{11} & \gamma_{12} & 0 \\ 0 & \gamma_{22} & \gamma_{23} \end{bmatrix} \begin{bmatrix} x_1 \\ x_2 \\ x_3 \end{bmatrix} + \begin{bmatrix} \zeta_1 \\ \zeta_2 \end{bmatrix} \qquad [2.21]$$

以及

$$\mathbf{\Phi} = \begin{bmatrix} \Phi_{11} & \\ \Phi_{21} & \Phi_{22} \end{bmatrix}$$

$$\mathbf{\Psi} = \begin{bmatrix} \Psi_{11} & \\ \Psi_{12} & \Psi_{22} \end{bmatrix}$$

矩阵表达式帮助我们阐明为什么模型是非递归的。首先矩阵 **B** 并不是下三角式的,并且也不能通过变换成为下三角矩阵。而且,**Ψ** 不是对角矩阵;存在对角线外的元素。非递归模型的识别、估计以及评估要比递归模型更为复杂,这在后面的章节将会讨论。

第 5 节 | 直接、间接以及总体效应

联立方程组包含直接、间接以及总体效应。直接效应是指模型中一个变量不通过任何中介变量直接对另一个变量产生的影响。间接效应是一个变量通过其他的变量影响到另一个变量的路径。总体效应是直接和间接效应的总和，代表在给定前一个变量变化的基础上结果变量发生变化的程度。

以路径图表示模型有助于研究者直观地看到直接、间接和总体效应。例如，在图 2.2 的路径图中，模型 A 包含了三种效应。两个相关系数反映出从外生变量到内生变量的关系，γ_{11} 和 γ_{21}。一个相关系数描绘了从一个内生变量到另一个内生变量的路径，β_{21}。在这一模型中，存在 x_1 通过 y_1 作用于 y_2 的间接效应。这一间接效应是 $\gamma_{11}\beta_{21}$。x_1 对 y_2 的总体效应总结了间接和直接效应，$\gamma_{21}+\gamma_{11}\beta_{21}$。第 6 章将会更为详细地计算和检验间接和总体效应。

第6节 结构方程和约减方程

到目前为止,我们已经讨论了模型的结构方程。结构方程代表了理论模型,显示出变量之间的直接关系。结构参数总结了变量之间直接的、因果的关系。方程 2.19 和 2.20 是模型结构方程的例子。模型也可以用约减的形式写出,即约减方程(reduced-form equations)。

约减方程表示了内生变量仅仅作为外生变量的函数。也即,只有外生变量出现在方程的右边(RHS)。在一个有相互路径的模型中,构造一个约减方程需要将内生变量放置在方程的左边。在任何模型中,都存在相同数量的结构和约减方程。

现在回到图 2.3 中的非递归模型,模型 A 结构方程如下所示:

$$y_1 = \beta_{12} y_2 + \gamma_{11} x_1 + \gamma_{12} x_2 + \zeta_1 \qquad [2.22]$$

$$y_2 = \beta_{21} y_1 + \gamma_{22} x_2 + \gamma_{23} x_3 + \zeta_2 \qquad [2.23]$$

为了求得对于 y_1 方程的约减方程,对 y_2 进行替换,可得:

$$y_1 = \beta_{12}(\beta_{21} y_1 + \gamma_{22} x_2 + \gamma_{23} x_3 + \zeta_2) + \gamma_{11} x_1 + \gamma_{12} x_2 + \zeta_1$$

下面对上述方程各项进行整合,可得:

$$y_1 = \frac{1}{1-\beta_{12}\beta_{21}}(\gamma_{11}x_1 + \beta_{12}\gamma_{22}x_2 + \beta_{12}\gamma_{23}x_3 + \beta_{12}\zeta_2 + \gamma_{12}x_2 + \zeta_1)$$

约减方程因此是：

$$y_1 = \Pi_{11}x_1 + \Pi_{12}x_2 + \Pi_{13}x_3 + \zeta_1^* \qquad [2.24]$$

其中，

$$\Pi_{11} = \frac{\gamma_{11}}{1-\beta_{12}\beta_{21}}$$

$$\Pi_{12} = \frac{\beta_{12}\gamma_{22} + \gamma_{12}}{1-\beta_{12}\beta_{21}}$$

$$\Pi_{13} = \frac{\beta_{12}\gamma_{23}}{1-\beta_{12}\beta_{21}}$$

$$\zeta_1^* = \zeta_1 + \beta_{12}\zeta_2$$

y_2 方程是类似的：

$$y_2 = \Pi_{21}x_1 + \Pi_{22}x_2 + \Pi_{23}x_3 + \zeta_2^* \qquad [2.25]$$

其中，

$$\Pi_{21} = \frac{\beta_{21}\gamma_{11}}{1-\beta_{12}\beta_{21}}$$

$$\Pi_{22} = \frac{\beta_{21}\gamma_{12} + \gamma_{22}}{1-\beta_{12}\beta_{21}}$$

$$\Pi_{23} = \frac{\gamma_{23}}{1-\beta_{12}\beta_{21}}$$

$$\zeta_2^* = \beta_{21}\zeta_1 + \zeta_2$$

约减方程提供了一个模型中外生变量对内生变量的总体效应的信息。在方程 2.25 中，Π_{21} 是 x_1 对 y_2 的总体效应，

包含了 x_1 通过 y_1 作用于 y_2 的间接效应，以及 y_1 和 y_2 之间的相互关系。第 6 章会讨论乘数 $1/(1-\beta_{12}\beta_{21})$。正如我们将在第 5 章讨论的，约减方程对理解联立方程组模型的评估极为关键。

第 7 节 | 工具变量

识别和估计非递归模型要求我们理解工具变量。工具变量(IV)估计应用于回归项和误差项发生相关的情形，如非递归模型所发生的那样。在这样的情形下，回归项经常被认为“麻烦的”或“有问题的”。尽管工具变量经常是处理为一种应对识别和估计问题的技术化解决手段——确实，这是工具变量的一个重要功能——但我们在这一章讨论它们是因为我们认为理解工具变量本质上要基于理论的考量。而且，尽管工具变量经常和有限信息估计的文献联系起来，但是贯穿本书，我们都强调不管研究者采用哪个估计量，工具变量的选择都是要经过审慎考虑的。

如果存在有问题的回归项，研究者必须要寻找一个工具变量，我们称为 z_1，它一方面和干扰项无关：

$$COV(z_1, \zeta_1) = 0$$

但是另一方面又和作为工具变量相关联的变量相关：

$$COV(z_1, x_1) \neq 0$$

在本书中，由于回归变量和其他变量之间存在互反关系，我们指出工具变量对误差项和回归项之间相关关系是必要的(如第 4 章讨论)。[9]工具变量也可以校正其他原因引起的回归项和误差项之间的相关关系，包括和回归项相关的忽略变量以及影响因变量或回归项测量误差的忽略变量。[10]

工具变量的例子：志愿组织和一般信任

我们用一个实证的例子对非递归模型中工具变量的使用进行阐述。这个例子来自于政治学和社会学文献，会贯穿本书。这个问题在理论上关注志愿组织成员资格和一般信任（generalized trust）之间的看似相互依赖的关系。社会资本研究指出自愿组织和信任对于社会幸福感的重要性（Fukuyama，1995；Paxton，2002；Putnam，1993）。但是两者之间的关系可能是循环的（Brehm & Rahn，1997；Claibourn & Martin，2000；Shah，1998）。例如，研究者认为，由于重复的社会互动、合作的规则和声望效应，自愿组织的参与会带来对其他人更多的信任（Paxton，2007）。相反，那些更具信任感的人在和组织内其他人互动时感到更加舒服，因此更乐于参与其中。

我们使用综合社会调查（GSS）1993 年和 1994 年的数据测量资源组织和信任。在 GSS 中，受访者报告他们是否从属于包括服务、政治、青年、教会等十六种自愿组织的任何一种。我们计算了受访者从属的多种组织类型。一般信任通过三个变量进行测量：受访者以下方面的感受（1）公平的、（2）互助的、（3）被信任的。[11] 对于我们这个简单的例子，我们通过整合三种信任指标创造出一个单个的因子分数估计。[12]

为了简化例子，我们包含了一个影响内生变量的预测变量:受访者受教育的年限。理论和以前的研究认为,受更多教育的受访者会更可能从属于自愿组织并且也有更高的一般信任。为了识别和估计这个模型,每一个内生变量至少需要一个工具变量。这些变量必须和给定方程里的结果变量或影响结果变量的忽略变量没有直接关系。在路径图中,一个工具变量仅仅会预测一个而非其他内生变量。

对于自愿组织成员,一个可能的工具变量是受访者是否有小于6岁的孩子。尽管很少有理由可以预期受访者有孩子会影响其对他人的信任,这可能影响组织参与的可用时间。对于信任而言,一个可能的工具变量是受访者是否在去年经历过盗窃事件。尽管很少有理由认为这会影响一个人的成员资格,但是经历这样的事件应当会影响一个人对别人的信任。

图2.4用路径图展现了这个模型。变量 y_1 自愿组织成员资格,以及变量 y_2 一般信任,具有互反关系;变量 x_1 小于6岁的孩子,影响自愿组织成员,但是不影响信任,因此充当了模型的工具变量;变量 x_2 教育,影响了自愿组织和一般信任;变量 x_3 盗窃事件的经历,被假设影响了一般信任,但是不影响自愿组织成员。变量 x_3 因此充当了模型中一般信任

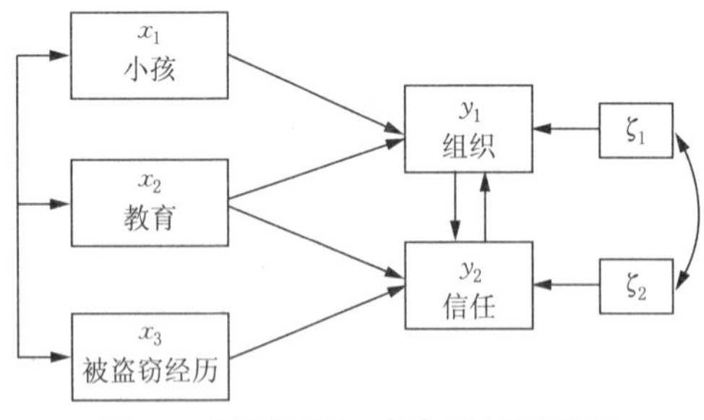

图2.4 自愿组织和一般信任的路径模型

的工具变量，如图2.4所示。这个模型中对工具变量提供的逻辑在此时完全是理论层面的。第5章描述的检验帮助研究者确定一个工具变量是否有效。

有一个过度识别模型也是有帮助的。为了过度识别一个模型，我们通过对每一个方程增加另外的排他工具变量(参见图2.5)。在过度识别模型中，看电视的时长影响了组织参与，经历了父母离异影响了信任。

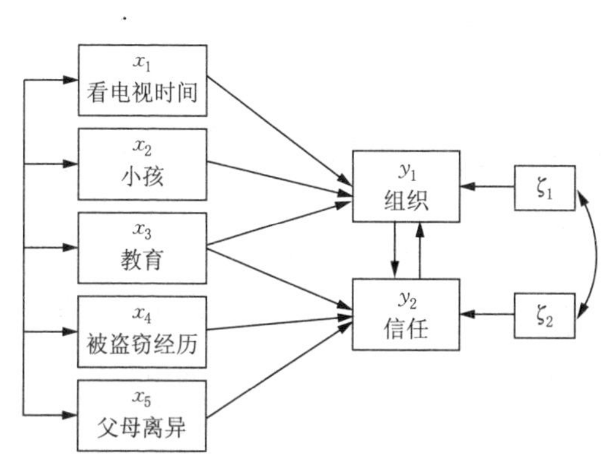

图2.5 自愿组织和一般信任的过度识别模型

在已发表研究中工具变量的例子

寻找合适的工具变量是一项有挑战性的任务并且不应该被轻视。但是尽管具有挑战性，这一工作并非不可能。在这一部分，我们提供了在已发表的文献中采用工具变量去识别和估计模型的例子。

● Kritzer(1984)使用夫妻之间政党认同的调查数据去检验互反效应。也就是说，丈夫的政党认同可能会影响妻子的政党认同，反之亦然。Kritzer使用父母的政党认同作为工具变量。他的逻辑是,尽管我们可以预期夫妻的政党认同,但是很少有理由去推测妻子父母的政党认同会影响丈夫的政党认同(在考虑到她的政党认同之后)。因此父母的政党认同可以作为这个模型的工具变量。

● Levitt(1996)想要研究监狱囚禁对犯罪率的影响。可以确定的是,增加监狱服刑人员的数量会导致犯罪率的降低。但是不断增加的犯罪率也会增加监禁人数。这构成了一个互反关系和有问题的自变量。Levitt 使用和造成监狱人口过多有关的诉讼作为监狱监禁的工具变量。他认为刑事诉讼会导致监狱人口的减少,但是不会直接影响犯罪率。类似地,Hoxby(1996)使用允许公会行为的法律文本作为教师公会对学生学习结果影响的工具变量。

● 一些研究使用态度测量作为工具变量。对女性劳动力参与和生育预期的互反关系,研究者使用女性对工作场所的态度测量作为工具变量预期劳动力参与(假设它并没有直接影响受访者的生育预期)(Waite & Stolzenberg, 1976)。相同的研究也指出一个人的理想家庭规模会影响生育预期,但是对实际的劳动参与并没有直接的影响。

● Sadler 和 Woody(2003)总结了互动的个体受到他们的互动伙伴的支配权的影响(两个个体之间的互反关系)。为了得到工具变量,Sadler 和 Woody 依赖其他的理论。这些理论认为个体都会将自己的个性代入一个互动之中。因此,在互动时两个个体都会有他们自己的“特征支配”。特征支配充当了这个模型的工具变量。也就是说,个体的特征支配会影响他或她互动时的支配。但是它对互动对象的互动支配并没有直接的影响。

● 一个估计犯罪和人口流动性之间互反关系的研究将人口数量作为了犯罪的工具变量(Liska & Bellair，1995)。尽管人口规模会影响犯罪，很少有理由可认定它影响人口流动。研究者假设人均政府收益——作为税收负担的估计——可能影响人口流动但是不影响犯罪(以税收负担作为居住地流动的工具变量)。要注意的是后一项设定假设社会服务不影响犯罪水平，这在理论上不一定能得到认定。第5章描述的统计检验帮助研究者进一步评估潜在的工具变量。

● Barro 和 McCleary(2003)研究人们的宗教信仰是否会影响一个国家的经济发展。经济发展也可能反过来使个体更加不信仰宗教(世俗化假设)。Barro 和 McCleary 应用了国家宗教的推行，作为宗教的工具变量。国家宗教的推行在一个国家影响了宗教信仰，但是因为国家宗教一般在很多世纪之前已经产生，它并不影响当前时期的经济增长。Young(2009)对于国家宗教作为宗教信仰的工具变量进行了出色讨论和评估。

● Ansolabehere 和 Jones(2010)提出选民和他们的议员就政策问题上达成一致是否会增加他们对议员的支持。但是情况也可能是拥护议员的选民假设他们会就政策问题达成一致。Ansolabehere 和 Jones 拥有实际的电话选举信息并且使用这些信息作为预期的选民电话投票的工具变量。实际的电话投票仅仅通过这些选民预期影响了选民的支持。

以上只是研究者在非递归模型建模过程中使用工具变量的一些例子。一些严谨的理论和创造性研究也会带来许多有用的工具变量。确实，坚实的推理和创造性的研究会比这些模型的许多统计应用更为必要。在使用工具变量解决许多类型的问题变量的研究中，研究者使用物理特征作为工具变量（例如，以城市地区河流的数量作为政治事件和紧接而来的分裂的外生来源[Cutler & Glaeser，1997]），相关变量的滞后项（假设前面的时间点没有产生额外效应[Markowitz、Bellair、Liska & Liu，2001]），以及“模拟工具变量”（Hoxby，2001）。更多的例子，参见 Murray（2006b，第13章）。

第3章

识　别

多重方程的同时估计带来了许多复杂的问题。其中之一是需要进行识别。识别是指研究者在寻找每个模型参数的理论上的特有解决方法。一个来自 Bollen(1989b)的简单例子可以帮助我们解释这一问题。考虑下面的方程:

$$\mathrm{VAR}(y)=\theta_1+\theta_2 \quad [3.1]$$

对于这一方程,是不是存在 θ_1 和 θ_2 的特有值呢?答案是否定的。如果 $\mathrm{VAR}(y)=10$,那么 ($\theta_1=2$, $\theta_2=8$) 以及 ($\theta_1=-1$, $\theta_2=11$) 都是有效的解。事实上,对于 θ_1 和 θ_2,存在无数组可行的解。因此对于一个包含两个未知参数的方程,θ_1 和 θ_2 并没有被识别。

我们加入另一个方程:

$$\theta_1=\theta_2 \quad [3.2]$$

这就产生了可以识别的参数。如果 $\mathrm{VAR}(y)=10$,那么 $\theta_1=\theta_2=5$。

从这个例子,显而易见的是,识别是一个数学问题,而不是一个统计问题。进一步而言,这个例子强调了识别是模型而非数据的一个特征。搜集更多的数据并不能解决一个模型的识别状态。

尽管识别经常被放置在方程或整个模型中描述，但是它本质上是参数的一个特征。未被识别的参数不能被一致地估计，并且单个未被识别的参数会使得整个模型不能被识别。[13]在估计之前进行识别能够让研究者对获得系数的特有估计充满自信。

第1节 已知和未知参数

我们要区分两种类型的参数：待识别的已知参数和未知参数。首先，已知参数是被观察变量的总体矩（方差和协方差）。未知参数用 $\boldsymbol{\theta}$ 表示，其包含了所有路径、外生变量的所有方差、外生变量之间的所有协方差、干扰项的所有方差，以及干扰项之间的所有协方差。换句话说，它包括了模型有待被估的所有参数，分别用 $\mathbf{B}$, $\boldsymbol{\Gamma}$, $\boldsymbol{\Phi}$ 以及 $\boldsymbol{\Psi}$ 表示。识别的目的在于表明所有未知参数是待识别的已知参数的特有方程。

识别过程的开始，已知参数的数量等于 $(p+q)(p+q+1)/2$，是观察值的方差/协方差矩阵的非重复部分的个数。例如，如果你有三个变量（两个 x 和一个 y），那么你会从协方差矩阵中得到六个非重复的部分：

$$\begin{bmatrix} \mathrm{VAR}(y_1) & & \\ \mathrm{COV}(x_1, y_1) & \mathrm{VAR}(x_1) & \\ \mathrm{COV}(x_2, y_1) & \mathrm{COV}(x_1, x_2) & \mathrm{VAR}(x_2) \end{bmatrix} \quad [3.3]$$

这些已知信息是需要被识别的。在简单的模型中，如果方程中的每一个参数可以被写为这些方差和协方差的特有方程，那么这个模型就是可识别的。例如，考虑一个简单的包括三个方差和协方差的回归方程（参见方程 2.13）：

$$\mathrm{VAR}(x_1)=\phi_{11}$$
$$\mathrm{COV}(x_1, y_1)=\gamma_{11}\phi_{11}$$
$$\mathrm{VAR}(y_1)=\gamma_{11}^2\phi_{11}+\psi_{11}$$

对 ϕ_{11} 进行求解是非常直观的,因为它等于 $\mathrm{VAR}(x_1)$。然后,可以求得 γ_{11}:

$$\gamma_{11}=\frac{\mathrm{COV}(x_1, y_1)}{\phi_{11}}=\frac{\mathrm{COV}(x_1, y_1)}{\mathrm{VAR}(x_1)}$$

需要注意的是 ϕ_{11} 显示为已知的,因此它可以用以识别其他未知参数。由于 ϕ_{11} 和 γ_{11} 已知,识别 ψ_{11} 变得很直观:

$$\psi_{11}=\mathrm{VAR}(y_1)-\gamma_{11}^2\phi_{11}$$

当然,一些模型由于太过复杂而不能通过这种方法用代数进行识别。尽管如此,已知和未知参数之间的区分有助于理解识别模型的其他方法。例如,构建方程和位置参数的数学原理,我们必须至少有和参数数量一样多的方差和协方差去识别一个模型。

第 2 节 | 限定条件

识别需要一些应用到模型参数的限定条件。一般来讲，虽然存在其他方式的限定，这些限定条件采用“零限定”的方式，即设定一个参数为零。有两种类型的限定被普遍运用，但是往往被研究者所忽视。第一种是 **B** 的主对角线被设定为 0。这一限定的理论应用是使一个变量不能对自身产生瞬时(instantaneous)的影响作用。第二个应用的限定是方程中误差的参数矩阵被固定为单位矩阵(每个相关系数都是 1)。这个限定的逻辑在于，对于未被观察到的变量，每一个误差必须是成比例的。(参见 Bollen，1989b:91)

在这些限定条件之外，我们按照理论将限定条件应用到模型的一些参数之上。例如，我们设定一个为 0 的路径，如图 2.4 所示，即从 x_1 到 y_2 的路径为零。或者我们可以设定两个误差之间的相关系数为 0，如图 2.1 所示。

在本书中，限定的核心更大意义上是指**排他性限定**，即参数被限定为 0。将特定的路径设定为 0 是联立方程组模型中工具变量的一个关键特征。其他的限定也是可能的，例如设定两个参数是相等的，或者设定一个参数是其他参数的方程。

第3节 三种方程类型

我们要区分三种方程类型:未识别的模型、被识别的模型以及过度识别的模型。未识别的模型是指已知的参数太少以至于无法识别所有未知参数。在未识别的模型中,至少有一个参数是未识别的。由于没有办法去有效估计一个未识别的参数,研究者不应该在存在未识别模型的情形下进行估计。相反,研究者必须限定更多条件或者增加信息去识别模型。例如,参见图3.1,这一模型目前是未识别的。

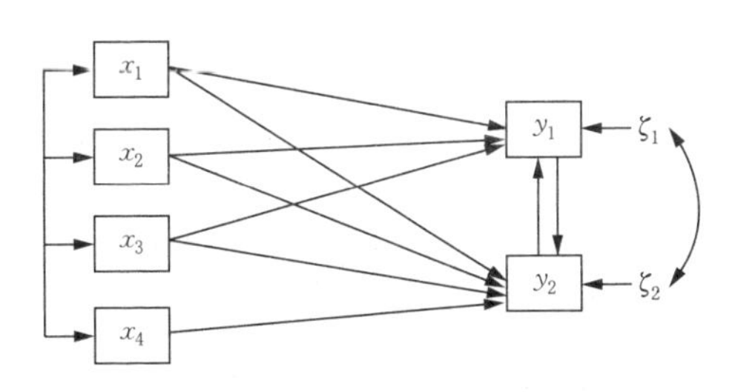

图3.1 未识别的模型

这里存在几种方法供我们识别这一模型。例如,如果我们将模型中 x_1 到 y_2 的路径移除,它就可以被识别。或者如果我们将 x_2 或 x_3 到 y_2 的路径移除,这个模型同样可以识别。另一种方法是我们增加一个变量,x_5,并且这一变量仅仅影响 y_1。正如我们即将讨论到的,这些限定和信息添加必须在理论上是行得通的。

如果模型恰好包含了求解每个参数特有值的最少条件，那么它被称为**恰好识别模型**(just-identified)。恰好识别模型又被称为准确识别模型或饱和模型。对于恰好识别模型，模型包含相同数量的已知和未知参数，因此模型可以被识别出来。需要注意的是已知参数被包含在被观测变量的方差和协方差之中，这意味着在恰好被识别模型中，协方差和方差的数量与参数数量相等。而且，所有参数都被识别，没有一个被过度识别。

对于过度识别的模型，我们有多于所需要的信息去求解参数。过度识别的模型包含过少的未知参数和过多的已知参数。这意味着存在不止一种方法去求解一个参数，并且每一个参数都至少有一个值。在过度识别模型中，至少有一个参数可以被表达为模型中方差和协方差的多种方程。

例如，参见图 3.2：

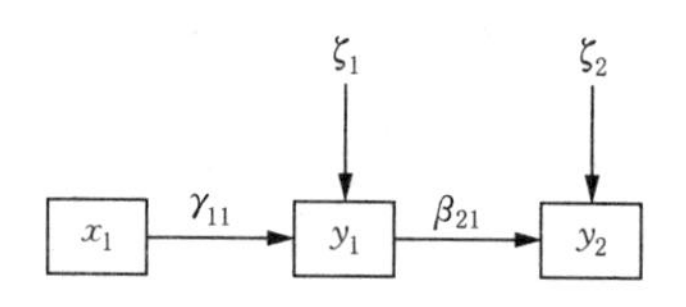

图 3.2 简单的过度识别模型

存在 β_{21} 的多个解。利用协方差代数式，我们可以求得观察到的和暗含的协方差矩阵，$\mathbf{\Sigma}=\mathbf{\Sigma}(\boldsymbol{\theta})$：

$$\begin{bmatrix} \mathrm{VAR}(y_1) & & \\ \mathrm{COV}(y_2, y_1) & \mathrm{VAR}(y_2) & \\ \mathrm{COV}(x_1, y_1) & \mathrm{COV}(x_1, y_2) & \mathrm{VAR}(x_1) \end{bmatrix}$$

$$
= \begin{bmatrix} \gamma_{11}^2 \phi_{11} + \psi_{11} & & \\ \beta_{21} \gamma_{11}^2 \phi_{11} + \beta_{21} \psi_{11} & \beta_{21}^2 \gamma_{11}^2 \phi_{11} + \beta_{21}^2 \psi_{11} + \psi_{22} & \\ \gamma_{11} \phi_{11} & \beta_{21} \gamma_{11} \phi_{11} & \phi_{11} \end{bmatrix}
$$

我们利用结果方程去求解 β_{21}。例如,我们利用模型暗含的 $COV(x_1, y_2)$ 和 $COV(x_1, y_1)$ 的值:

$$
\frac{COV(x_1, y_2)}{COV(x_1, y_1)} = \frac{\beta_{21} \gamma_{11} \phi_{11}}{\gamma_{11} \phi_{11}}
$$

消除分子和分母中的 $\gamma_{11} \phi_{11}$ 可得:

$$
\beta_{21} = \frac{COV(x_1, y_2)}{COV(x_1, y_1)}
$$

因此,β_{21} 现在是已知可以被识别的。但是在我们的模型中存在一个过度识别的限定,因为 β_{21} 可以被写为被观察变量的方差和协方差的第二种方程。我们利用 $COV(y_2, y_1)$ 的模型暗含值和 $VAR(y_1)$ 的模型暗含值可求得:

$$
\frac{COV(y_2, y_1)}{VAR(y_1)} = \frac{\beta_{21} (\gamma_{11}^2 \phi_{11} + \psi_{11})}{\gamma_{11}^2 \phi_{11} + \psi_{11}}
$$

我们消除分子和分母中的相同项,求得:

$$
\beta_{21} = \frac{COV(y_2, y_1)}{VAR(y_1)}
$$

过度识别模型很有用,是因为它们创造了可检验的限定条件。在这个例子中,如果协方差的方程中的每一个都等于这个参数,那么它们必须互相相等:

$$
\frac{COV(y_2, y_1)}{VAR(y_1)} = \frac{COV(x_1, y_2)}{COV(x_1, y_1)} \tag{3.4}
$$

这是模型暗含的限定,我们称其为过度识别限定。因为我们的模型暗示了这一限定,但是并没有必要出现在数据中,这个限定可以检验出来。也即,我们的模型暗示方程 3.4 中的等式在总体中也成立。我们可以检验在样本误差范围内,这一等式是否在我们的样本中也成立。

总之,过度识别可以产生可被检验的特定限定条件,引发我们思考的是,我们的模型能否和数据很好地契合。理解过度识别的限定条件可以帮助我们理解第 5 章中讨论的拟合优度统计值。

第 4 节 识别法则

我们可以使用一些法则帮助我们进行识别。法则既可以基于模型,也可以基于方程。基于模型的识别法则将特定类型的模型归为一类,基于方程的识别法则可以通过一个接一个的方程对模型进行识别。

基于模型的识别法则

t 法则

这一必要非充分的识别法则基于方程和未知参数的问题。法则内容是被观察变量的已知方差和协方差的个数大于等于未知的模型参数的个数:

$$t \leqslant \left(\frac{1}{2}\right)(p+q)(p+q+1) \qquad [3.5]$$

$p+q$ 是模型中所有被观察变量(内生变量和外生变量)的总数。t 是模型中待估计参数的数量;$\left(\frac{1}{2}\right)(p+q)(p+q+1)$ 给出了被观察变量的协方差矩阵中不可约元素(对角线及以下的元素)的数量。

作为必要的条件,t 法则提供了一种快捷的方法确认没有被识别的模型。但是 t 法则并不足以识别模型。已知参数的充裕数量并不足以识别那些影响识别的未知参数,模型中位置参数的结构同样重要。

递归法则

递归法则显而易见:如果你的模型是递归的,那么它就可以被识别。递归模型是识别模型的充分但不必要条件。递归模型并不排斥互反因果或反馈环,并且它的干扰项并不相关。更规范的表述是,缺乏互反路径意味着 $\mathbf{B}$ 可以被写为下三角矩阵,即所有的元素都落于对角线下方。而且,矩阵 $\mathbf{\Psi}$ 是对角矩阵,所有元素都在对角线上。对于一个递归模型,这两个条件必须满足。例如,图 2.1 是一个递归模型。在这一模型中,影响仅仅通过一个方向产生作用,并不存在反馈环或相互路径。而且,方程中的误差项之间并不存在相互关系。因此,模型是递归的并且可以被识别。采用这一模型的研究者可以考虑下一个步骤:估计。

B 零法则(The Null Beta Rule)

如果不存在内生变量的模型具有为零的 $\mathbf{B}$ 矩阵,那么它是可以被识别的。B 零法则是识别模型的充分非必要条件。一类特殊的模型,通常被称为看似无关的回归模型或 SUR 模型,在这一假设下可以被识别。看似无关的回归模型(Zellner, 1962)是指那些表面上没有关联但是方程的误差项相互关联的模型。如图 3.3 所示。

在图 3.3 中,并不存在内生变量相互影响,但是方程却通过 ζ_1 和 ζ_2 相互影响。这一类型的模型可以通过 B 零法则被

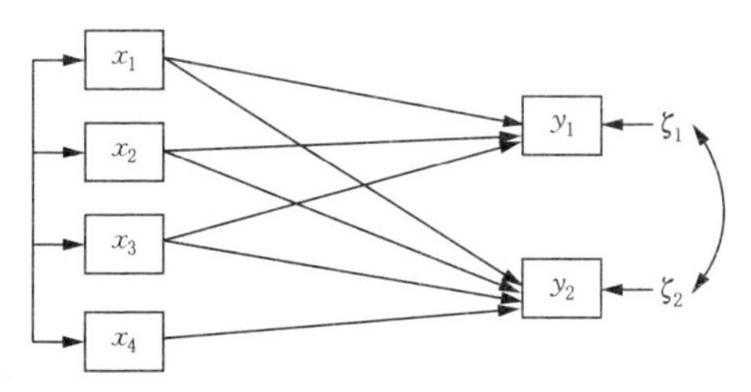

图 3.3 一个看似无关的回归模型的例子

识别。

递归法则和B零法则是基于限定条件的识别法则。他们决定了模型参数的数量和结构是否足以识别一个模型。遗憾的是非递归模型并不满足这两个法则中的任何一个。非递归方程要求基于方程的模型识别策略。下面我们将会讨论这一问题。

基于方程的识别法则

阶条件(Order Condition)

陈述阶条件有两种方式:

1. 在一个包含 p 个联立方程的模型中,如果它能够排除至少 $p-1$ 个出现在模型其他方程中的变量(内生或外生变量),那么这一方程可以被识别。
2. 在一个包含 p 个联立方程的模型中,如果被排除的外生变量个数大于等于方程中内生变量的个数减1,那么这个方程可以被识别。

在一个模型中,p 代表内生变量的数量。两种陈述方式在各种教科书中都可以看到。研究者可以采用最直观的一种。按照第一种陈述,对于一个有 p 个内生变量的方程系统,那么它应该包含 p 个方程。如果方程中 $p-1$ 个变量已经被排除掉了,那么这个方程可以被识别。被排除的变量既可以是内生的也可以是外生的。阶条件是一个简单的计算法则:模型是否限定了足够数量的路径以排除足够数量的变量去识别方程?

如果矩阵 $\mathbf{\Psi}$ 不包含限定条件,以至于方程中所有的误差都完全相互关联,那么阶条件是识别模型的必要不充分条件。有些模型能够通过阶条件,但是不能被识别。因此,就像 t 定律,阶条件能够帮助研究者排除掉包含完整 $\mathbf{\Psi}$ 矩阵但是不能被识别的模型。

如果矩阵 $\mathbf{\Psi}$ 确实包含限定条件,那么阶条件并非是必需的。大多数计量经济学教科书都没有强调这一点,因为它们一般假设 $\mathbf{\Psi}$ 是全矩阵。但是许多模型确实暗示了关于矩阵 $\mathbf{\Psi}$ 的限定条件,并且这些限定条件可以帮助我们识别模型。简而言之,不包含全矩阵 $\mathbf{\Psi}$ 的模型在不满足阶条件的情形下仍然可以被识别。

如图 3.4 所示,这个例子帮我们阐释阶条件:

$$y_1=\beta_{12}y_2+\gamma_{11}x_1+\gamma_{12}x_2+\zeta_1 \qquad [3.6]$$

$$y_2=\beta_{21}y_1+\gamma_{22}x_2+\gamma_{23}x_3+\zeta_2 \qquad [3.7]$$

$$y_3=\beta_{31}y_1+\beta_{32}y_2+\zeta_3 \qquad [3.8]$$

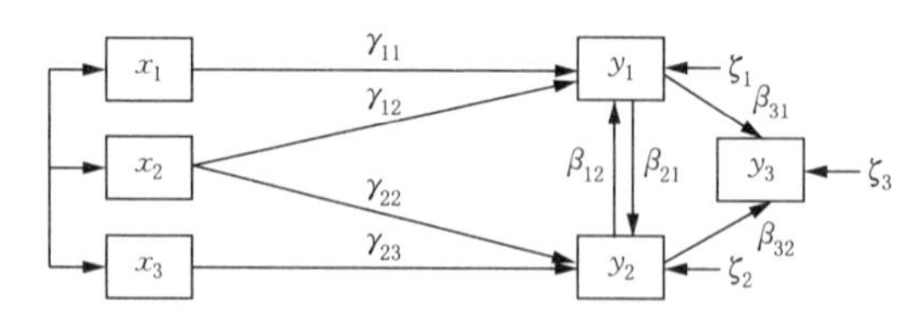

图 3.4 非递归路径模型

模型需要每个方程有 $p-1$ 个遗漏变量。也即,在这个三方程体系中,每个方程有两个遗漏变量。

方程 3.6 遗漏了 x_3 和 y_3,满足了阶条件;

方程 3.7 遗漏了 x_1 和 y_3,满足了阶条件;

方程 3.8 遗漏了 x_1, x_2 和 x_3,超出了阶条件。

需要注意的是,阶条件是必要非充分条件,所以我们不能确定这些方程可以被识别。

对于复杂模型,创造参数矩阵可以帮助我们进行计算。为了创建系数矩阵,将所有变量和参数都移到方程的左边,右边仅剩余干扰项。

$$y_1-\beta_{12}y_2-\gamma_{11}x_1-\gamma_{12}x_2=\zeta_1 \qquad [3.9]$$

$$y_2-\beta_{21}y_1-\gamma_{22}x_2-\gamma_{23}x_3=\zeta_2 \qquad [3.10]$$

$$y_3-\beta_{31}y_1-\beta_{32}y_2=\zeta_3 \qquad [3.11]$$

合理地对变量进行重新排序,包括一个或零个参数。

$$1y_1-\beta_{12}y_2-0y_3-\gamma_{11}x_1-\gamma_{12}x_2+0x_3=\zeta_1 \qquad [3.12]$$

$$-\beta_{21}y_1+1y_2-0y_3+0x_1-\gamma_{22}x_2-\gamma_{23}x_3=\zeta_2 \qquad [3.13]$$

$$-\beta_{31}y_1-\beta_{32}y_2+1y_3+0x_1+0x_2+0x_3=\zeta_3 \qquad [3.14]$$

现在可以构建相关系数矩阵:

$$\mathbf{M}=\begin{bmatrix} 1 & -\beta_{12} & 0 & -\gamma_{11} & -\gamma_{12} & 0 \\ -\beta_{21} & 1 & 0 & 0 & -\gamma_{22} & -\gamma_{23} \\ -\beta_{31} & -\beta_{32} & 1 & 0 & 0 & 0 \end{bmatrix}$$

现在直接的计算法则显而易见。对于矩阵的每一行,计算 0 的个数。如果一行有至少 $(p-1)$ 个 0,那么对应的方程符合阶条件。如果所有的行都有足够数量的 0,那么作为一个整体的模型满足阶条件。这里,矩阵的每一行至少有两个排除项,因此模型可以通过这一条件。建造这一模型的另一种方法是计算 $[\mathbf{I}-\mathbf{B} \mid -\mathbf{\Gamma}]$。

秩条件(Rank Condition)

阶条件是必要非充分的。在一些模型中,一个方程是另一个方程的线性组合,那么这些方程可以满足阶条件但是仍然不能被识别。也就是说,为了识别,我们需要明确一个方程不是另一个方程的线性组合(Duncan, 1975:28)。正如相关系数矩阵所显示的,模型的制定是否足以区分模型方程和这些方程的其他可能线性组合之间的区别?

为了理解秩条件背后的逻辑,我们依然分析本章开始时两方程模型的例子(参见 Asher, 1983:53—54)。我们不再附加 $\theta_1=\theta_2$ 的条件,我们认为

$$2\mathrm{VAR}(y)=2\theta_1+2\theta_2 \qquad [3.15]$$

附加这一方程并不能识别模型,因为第二个方程仅仅是将第一个方程放大两倍,并没有给模型加入新的信息。考虑到此,我们需要一个必要充分条件:秩条件。

秩条件可以被准确地描述如下:对于包含 p 个方程以及 p 个内生变量的方程,一个方程可以被识别需要满足的条件是至少存在一个秩为 $(p-1)(p-1)$ 的非零量可以通过被这一方程排除(但包含在其他方程里)的变量的相关系数构建出来。

和阶条件相似，秩条件假设一个完全矩阵 $\boldsymbol{\psi}$，方程中所有的误差项都不相关。如果 $\boldsymbol{\psi}$ 并非完全矩阵，那么秩条件是识别模型的充分条件但不是必要条件。

为了得出一个矩阵的秩，这里的建议包括四个步骤。

1. 构建相关系数矩阵。从上面的例子可以得出：

$$\mathbf{M}=\begin{bmatrix} 1 & -\beta_{12} & 0 & -\gamma_{11} & -\gamma_{12} & 0 \\ -\beta_{21} & 1 & 0 & 0 & -\gamma_{22} & -\gamma_{23} \\ -\beta_{31} & -\beta_{32} & 1 & 0 & 0 & 0 \end{bmatrix}$$

2. 删除待定方程的一行，例如，如果是第一个方程，我们删除第1行：

$$\mathbf{M}_1=\begin{bmatrix} 1 & -\beta_{12} & 0 & -\gamma_{11} & -\gamma_{12} & 0 \\ -\beta_{21} & 1 & 0 & 0 & -\gamma_{22} & -\gamma_{23} \\ -\beta_{31} & -\beta_{32} & 1 & 0 & 0 & 0 \end{bmatrix}$$

3. 删除待定方程中不含0的列。比如，对于第一个方程我们删除第1、2、4、5列：

$$\mathbf{M}_1=\begin{bmatrix} 1 & -\beta_{12} & 0 & -\gamma_{11} & -\gamma_{12} & 0 \\ -\beta_{21} & 1 & 0 & 0 & -\gamma_{22} & -\gamma_{23} \\ -\beta_{31} & -\beta_{32} & 1 & 0 & 0 & 0 \end{bmatrix}$$

4. 利用剩余的数值构建一个二级矩阵（例如 $\mathbf{M}_1$）并且决定是否存在一个阶为 $(p-1)(p-1)$ 的非零值。对于第一个方程，我们剩下下面的子矩阵：

$$\mathbf{M}_1=\begin{bmatrix} 0 & -\gamma_{23} \\ 1 & 0 \end{bmatrix}$$

$$|\mathbf{M}_1|=0-(-\gamma_{23})=\gamma_{23}\neq 0$$

第一个方程存在一个阶为 2×2 的非零值，因此，第一个方程被秩条件识别。更多的信息可以参见 Gill(2006，第4章)。

为了完成识别方程，我们对第二和第三个方程遵循相同的步骤。对于第二个方程，我们得出：

$$\mathbf{M}_2 = \begin{bmatrix} 0 & -\gamma_{11} \\ 1 & 0 \end{bmatrix}$$

$$|\mathbf{M}_2| = 0 - (-\gamma_{11}) = \gamma_{11} \neq 0$$

因此，第二个方程可以被识别。对于第三个方程：

$$\mathbf{M}_3 = \begin{bmatrix} -\gamma_{11} & -\gamma_{12} & 0 \\ 0 & -\gamma_{22} & -\gamma_{23} \end{bmatrix}$$

$\mathbf{M}_3$ 的秩为 2；那么第三个方程也可以被识别。

三方程系统中所有的三个方程都可以利用秩条件识别。因此，模型作为一个整体被识别了。对于不利用矩阵就识别模型的方法，读者可以参见 Berry(1984)。

第 5 节 分块递归识别

如果非递归模型的误差项没有全部相关，秩条件就不再必要。也即，存在一些模型没有满足秩条件但仍然可以被识别。对于这些模型，我们可以将模型拆分成方程组来进行识别。分块递归模型(Fisher, 1961)将方程分割成不同的组别(又称“变量块”或简称“块”，blocks)，其中相互关系、反馈环或者相关误差项可以在变量块之内存在，但是块之间的关系是递归的。简而言之，我们稍微转换了我们参照的框架，不再将模型视为一个单个方程。相反，我们将模型分化为不同的方程块。

通过将非递归模型重新阐述为分块递归模型，我们会获益良多。首先，对于块与块之间，我们创建了一个具有可以被识别的特征的体系。第二，对于每一个非递归块内部，识别常常是非常轻而易举的。正如 Edward Rigdon(1995)所指出的那样，大多数模型可以被简化为包含一个或两个方程的块。包含两个方程的分块的组合可以划入到几个类别。Rigdon 提供了八个特殊的例子以供参考。八种可能的两方程分块的知识可以准确有效地识别大多数分块递归模型。如果我们认识到每个分块都可以被识别，那么我们就知道分块的模型可以被识别(由于递归法则)，我们可以认为整个模型可以被识别。[14]

分块模型

利用分块递归技术进行模型识别的第一步是将模型分块。尽可能地将模型分割(Rigdon, 1995)。也即,如果一个块之内的方程是递归相关的,那么应当进一步分块,甚至分成单个方程的块。

例如,考虑 Ethington 和 Wolfle(1986)的模型(图 3.5)。

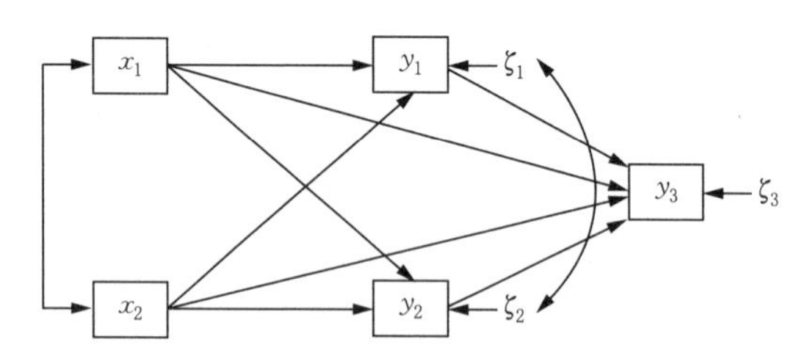

图 3.5 Ethington 和 Wolfle(1986)模型

这个模型可以被分成两个块,如图 3.6 所示。第一个块是非递归的,因为 y_1 和 y_2 有相关误差。第二个块只有一个方程,因此是递归的。尽管模型整体上是非递归的,但是第一个块对第二个块有递归的影响。

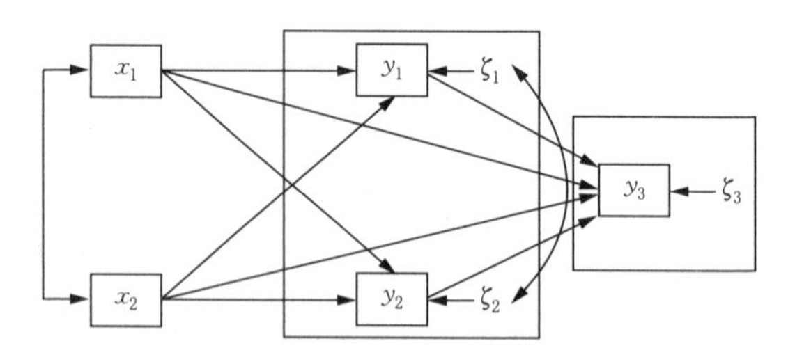

图 3.6 Ethington 和 Wolfle(1986)模型分块

考虑第二个例子,如图3.7,它出现在Duncan, Featherman和Duncan(1972)的书中[15]。

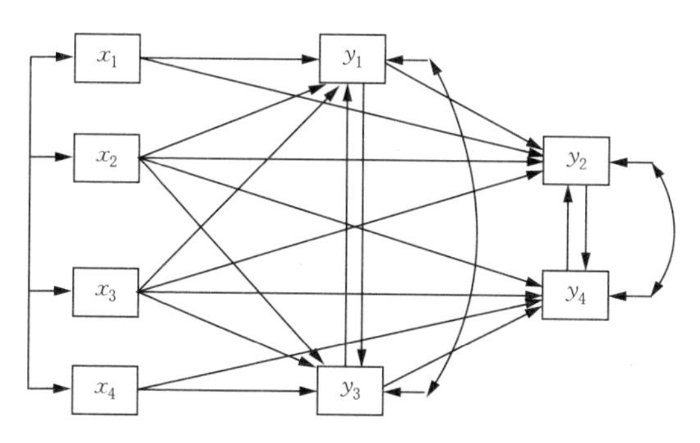

图3.7 Duncan等(1972)的模型

再次,这个模型有两个块,如图3.8所示。第一个块包括了y_1和y_3之间的非递归关系,而第二个包括了y_2和y_4的非递归关系。由于不存在相互关系、反馈环或块之间的相关误差,这个系统是递归的。

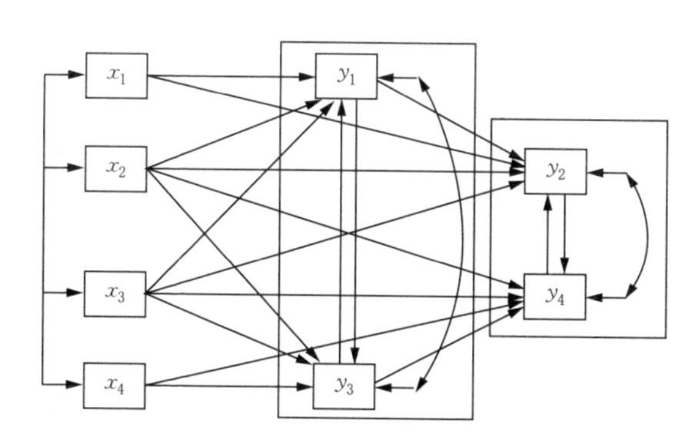

图3.8 Duncan等(1972)的模型分块

这两个例子中都是块与块之间递归,因此可以通过块来进行识别。仍需要解决的是在块内部是否可以被识别。通过这一方法将模型进行分块处理的好处在于研究者现在可以对一个块进行评估识别。

两方程块的识别

如果我们将一个模型分割为两个方程块,那么有八种情形需要讨论(Rigdon, 1995)。Rigdon 估计可以分割为两方程块的模型代表了 81%的没有完整 $\mathbf{\Psi}$ 的非递归结构模型。

在这一节,我们会对八种情形中的每一种进行讨论。在每个图中,和识别相关的信息会用实线表示,不相关的信息会用虚线表示。例如,情形 1 中,这一个块的重要信息是存在两个内生变量,并且其误差相关。和识别不相关的信息是每一个所包含的外生预测值的数量。省略的信息同样重要。在情形 1 中, y_1 不影响 y_2 并且 y_2 不影响 y_1。

需要注意的是,前七种情形集中在特有的预测值上,而最后一种情形(情形 8)描述了一般预测值。

情形 1:可识别

对于包含两个内生变量的情形,它们仅仅通过误差项相关,那么这一情形可以通过 B 零法则进行识别(图 3.9)。内

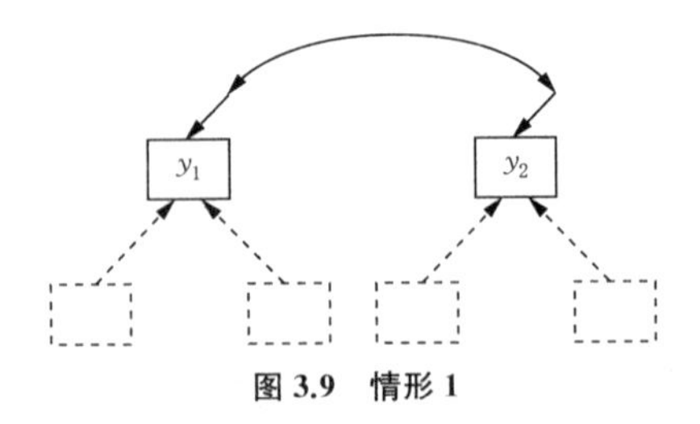

图 3.9 情形 1

生变量是否存在特有的预测值并不重要。对于没有参数 **B** 的分块递归体系,其中和内生变量相连接的任意一个块都可以被识别。

情形 2:不可识别

在情形 2 中,误差项相互关联。y_1 影响 $y_2(\beta_{21})$, y_1 并没有特有的预测值, y_2 可能有也可能没有特有的预测值。在这样一个块中,我们只有很少的已知被识别参数去识别未知参数(图 3.10)。

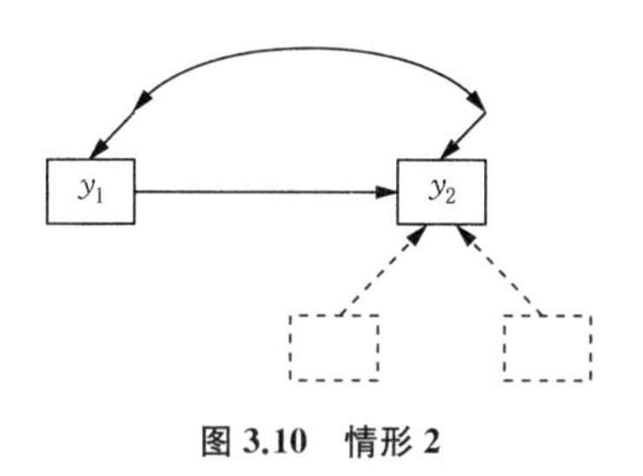

图 3.10 情形 2

情形 3:可识别

情形 3 与情形 2 相似,即误差相关并且 y_1 影响 y_2。但是对于识别,情形 3 中的 y_1 至少有一个特有预测值。情形 3 中的块可以被识别(图 3.11)。

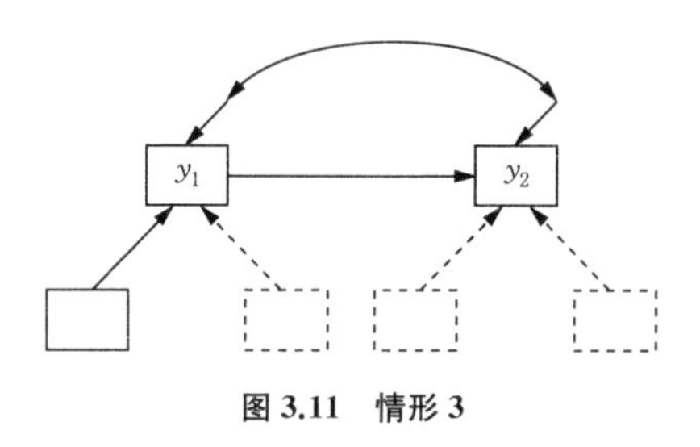

图 3.11 情形 3

情形 4:不可识别

在情形 4 中,y_1 和 y_2 存在相互关系并且都没有特有预测值。由于没有特有预测值,无论误差项是否相关(虚线所示),这个块都没有被识别(图 3.12)。相对已知参数,有太多的未知参数使得我们无法识别模型。

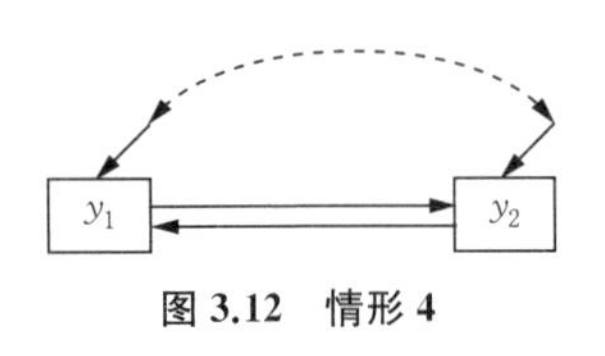

图 3.12 情形 4

情形 5:可识别

情形 5 阐述了一种识别两变量之间相互关系的方法。如果研究者知道 y_1 或 y_2 的特有预测值,并且假设误差项之间不存在相关,那么分块可以被识别(图 3.13)。忽略 ζ_1 和 ζ_2 之间相关关系在此很重要。识别这一分块依赖于我们认识到当存在 $\boldsymbol{\psi}$ 的限定条件时,秩条件和阶条件是充分非必要的。在此,y_1 和 y_2 的误差项之间的零限定帮助我们识别这一分块,尽管这一分块并不满足秩和阶条件(参见 Rigdon,1995:380—382)。

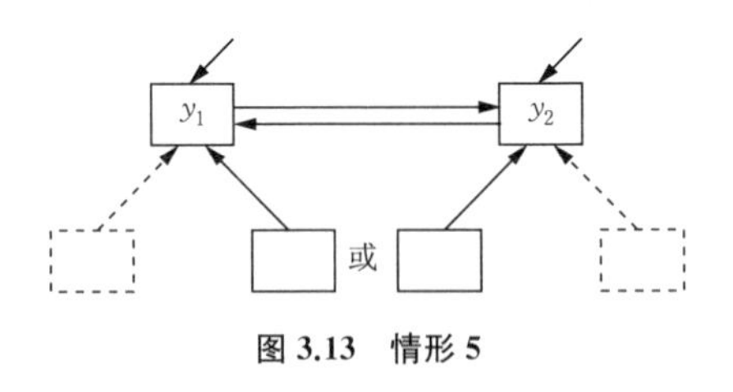

图 3.13 情形 5

情形 6:不可识别

接着我们对于情形 5 的讨论,情形 6 是不可被识别的

(图 3.14)。这一分块包含相互关系,两个内生变量之中仅有一个存在特有预测值,并且其误差项存在相关,因此它不满足阶和秩条件。

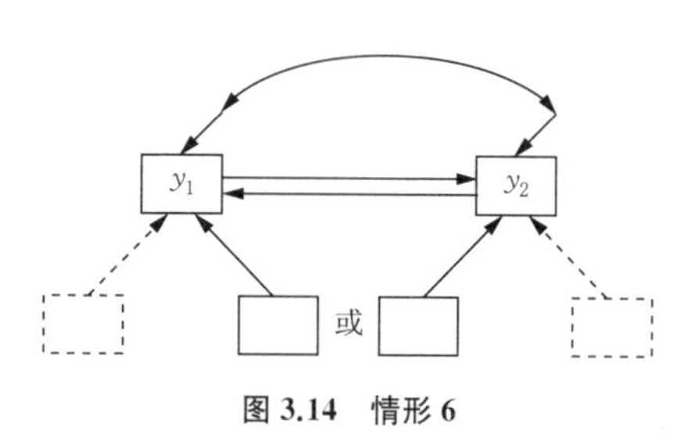

图 3.14　情形 6

情形 7:可识别

情形 7 阐述了一种常见的情形,即相互关系中的每一个内生变量都有特有预测值。不论误差项是否相关,情形 7 都满足阶和秩条件,因此可以被识别(图 3.15)。[16]

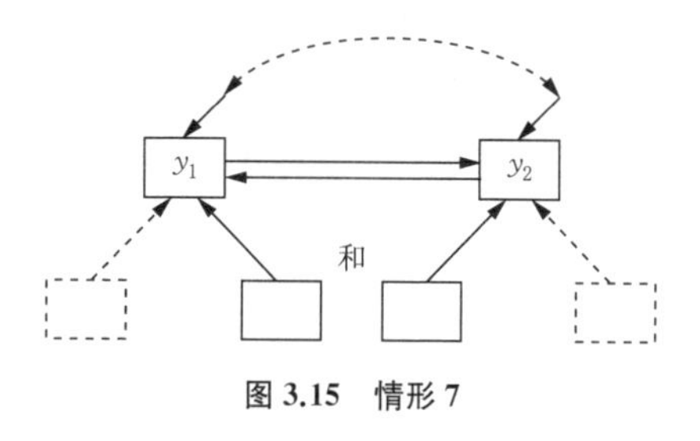

图 3.15　情形 7

情形 8:重新归类

情形 8 的目的在于指出共享预测值。需要注意的是,在图 3.16 中,除了共享预测值,模型的所有信息都是不相关的(虚线)。前面的所有情形都处理的是特有预测值,因为在两方程体系中,共享预测值在识别过程中并没有帮助。这是因为它们并没有提供用以识别未知参数的额外信息。由共享预测值带入模型中的信息仅仅可以识别和共享预测值相关的参数而已。

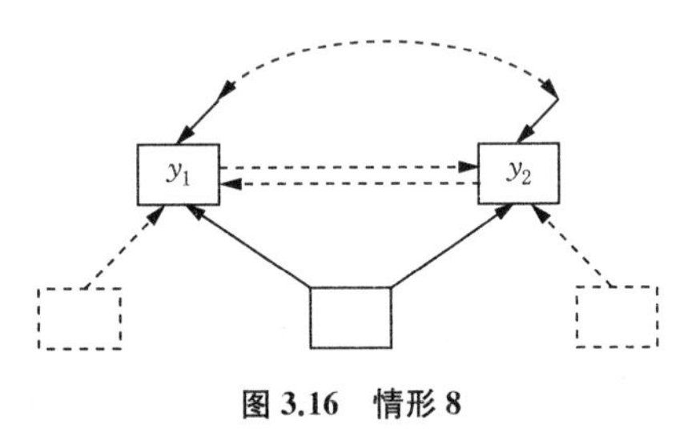

图 3.16 情形 8

因此,为了划分含有共享预测值的分块,我们可以移除共享预测值,然后按照情形 1 到 7 进行重新分块。当然,考虑到识别或估计,共享预测值并非真的从模型中移除,这只是在识别步骤中被移除。

举例说明,图 3.5 展现了 Ethington 和 Wolfle(1986)的例子。第一个分块如图 3.17 所示。一旦两个共享估测值被移除,这一分块可以按照情形 1 进行重新归类。Ethington 和 Wolfle(1986)的模型可以被识别,因为我们可以对分块内和分块之间进行识别。

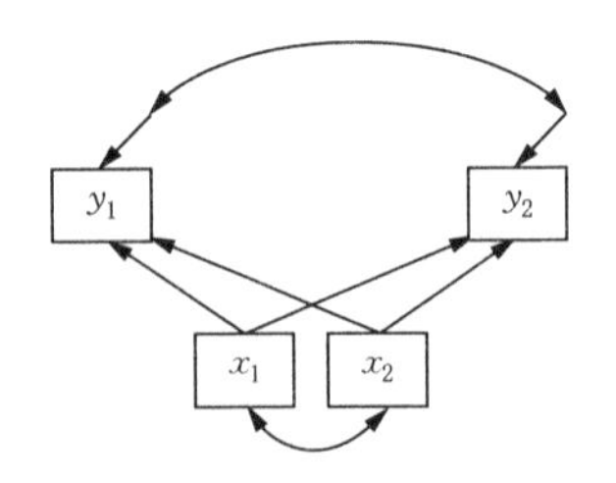

图 3.17 Ethington 和 Wolfle(1986),分块

利用 Rigdon 的八种情形识别 Duncun 的例子

我们利用 Rigdon 给出的八种情形识别 Duncan 等(1972)的例子。图 3.8 将 Duncan 的例子分成两块。第一块有两个方程，y_1 和 y_3，它们存在相互关系并且其误差相关。将共享预测值 x_2 和 x_3 移除使得 y_1 和 y_3 各自有一个特有预测值：y_1 有 x_1，y_3 有 x_4。这一分区可以划入到情形 7，因此可以被识别。

第二个分块通过情形 7 同样可以识别。在这一分区中，y_2 和 y_4 处于相互关系中，并且其误差项相关。将共享预测值 x_2 和 x_3 移除使得 y_2 和 y_4 各自有两个特有预测值：y_2 有 x_1 和 y_1，y_4 有 x_4 和 y_3。需要注意的是，即便 x_1 和 x_4 未知，这一分区仍然可以识别。因为 y_1 和 y_3 在第二个分区中作为外生变量，因此可以作为特有预测值。读者可以参见 Rigdon(1995)的其他例子。

识别志愿组织和一般化信任的例子

我们可以利用第 2 章的例子来阐述识别过程。路径图为图 2.4。由于 y_1(志愿组织成员资格)和 y_2(一般信任)之间存在相互关系，这一模型是非递归的。原则上而言，我们可以利用本章的协方差代数式、识别法则或者分区递归技术等策略来解决这一模型的识别问题。按照分区递归技术，我们可以准确地将识别的模型归入情形 7(Rigdon，1995)。变量 x_2(教育)既影响志愿组织有影响一般信任。这是一个共享估计值，并没有在识别模型过程中有所助益。模型中每一个内生变量都有特有估计值：x_1（小于6岁的孩子）影响了志愿组织成员资格但是没有影响信任；x_3（盗窃行为）被假定影响一般信任，但是不影响志愿组织的成员资格。如图2.4所示，方程之间的误差项存在关联；按照情形7，不考虑这一相关的存在，模型可以被识别。过度识别的模型也可以按照情形7被识别。

识别非递归模型的策略

当面临非递归模型的识别问题，研究者往往在开始时无从下手。这里有大量的法则和技术会很有帮助，但也需要考虑到矩阵 $\mathbf{\Psi}$ 的限定以及模型是否可以分区。

非递归模型识别的建议步骤如下所示：

1. 如果 $\mathbf{\Psi}$ 是完全的，利用秩条件识别模型。
2. 如果 $\mathbf{\Psi}$ 不是完全的并且模型可以被写为分区递归的，
   a. 如果所有的分区包含一个或两个方程，那么使用八种特殊情形对每个分区进行识别，之后是整个模型；
   b. 如果任何一个分区包含三个或更多方程，需要验证是否每个这样的方程可以通过秩条件，如果任何一个分区没有通过秩条件并且它的 $\mathbf{\Psi}$ 矩阵是不完全的，利用代数识别方法验证这个分区是否可以被识别。
3. 如果 $\mathbf{\Psi}$ 是非完全的并且模型无法写为分区递归的形式，需要验证它是否通过了秩条件。如果它没有通过，使用代数式识别方法验证模型是否可以被识别。

第4章

估　计

紧接着识别,建模的下一步是估计。非递归模型的估计值可以被分为两类:有限信息方法和完全信息方法。有限信息方法一次估计一个方程,而完全信息估计值在估计时将系统中所有方程的信息考虑进去。尽管许多结构方程模型的文献几乎都着眼于完全信息方法,例如最大似然估计(ML),我们强调有限信息策略,例如两阶段最小二乘法(2SLS),在某些情形下依然非常有优势。简而言之,当完全信息估计值导致了渐近有效的参数估计,那么它们对模型的指定偏差更加敏感,因为一个方程中的误差可以扩展并影响系统中所有方程的参数估计。有限信息的估计值不太可能将指定误差扩展到其他方程之中。[17]

在此,我们关注一个有限信息估计(两阶段最小二乘法)以及两个完全信息估计[三阶段最小二乘法(3SLS)和最大似然估计]。由于关于多种估计技术处理的方法已经在其他文献中得到详细描述(Bollen, 1989b; Greene, 2008; Wooldridge, 2002)。因此本章集中讨论:(1)简单介绍三种估计值;(2)阐述为什么忽略可能的内生性以及进行一般最小二乘估计会导致有偏的估计值;(3)介绍有限信息和完全信息策略的相对优势和成本。自愿组织和信任的例子会阐述完全信息技术和有限信息技术之间的区别。

第1节 | 含有内生性的最小二乘估计的后果

当估计一个非递归联立方程模型时，一个关键的问题是经典线性回归模型的假设是否被违背。也就是，最小二乘法（OLS）应不应该作为非递归模型的估计量？对于非递归模型，一个关键的 OLS 假设——回归项和误差项不相关[即，$COV(\mathbf{x}, \boldsymbol{\zeta})=0$]——被违背了。由于非递归的设定，至少有一个解释变量和误差项相关。为了解释这一点，我们来考虑下面的两方程体系：

$$y_1=\beta_{12}y_2+\gamma_{11}x_1+\zeta_1 \qquad [4.1]$$

$$y_2=\beta_{21}y_1+\gamma_{22}x_2+\zeta_2 \qquad [4.2]$$

y_1 和 y_2 之间存在相互关系。直观上，ζ_1 和 y_2 相关因为 ζ_1 影响了 y_1。并且 ζ_2 也和 y_1 相关。为了进一步说明，我们把目光放到第二个方程上。问题在于 $COV(y_1, \zeta_2)$ 是否为 0；方程 4.2 中的一个解释变量 y_1 是否和方程的误差项 ζ_2 相关。

y_1 的约减表达式为：

$$y_1=\frac{1}{1-\beta_{12}\beta_{21}}(\beta_{12}\gamma_{22}x_2+\gamma_{11}x_1+\beta_{12}\zeta_2+\zeta_1)$$

或者

$$y_1 = \Pi_{11}x_1 + \Pi_{12}x_2 + \zeta_1^* \qquad [4.3]$$

其中干扰项的表达式为:

$$\zeta_1^* = \frac{\beta_{12}\zeta_2 + \zeta_1}{1-\beta_{12}\beta_{21}}$$

将 y_1 的简化形式带入到 $COV(y_1, \zeta_2)$ 得到:

$$COV(y_1, \zeta_2) = COV(\Pi_{11}x_1 + \Pi_{12}x_2 + \zeta_1^*, \zeta_2)$$

x_1 和 x_2 是外生的并且和干扰项无关,得到:

$$COV(y_1, \zeta_2) = COV(\zeta_1^*, \zeta_2)$$

但是从约化形式得出的干扰项和 ζ_2 并非无关:

$$COV(y_1, \zeta_2) = COV\left(\frac{\beta_{12}\zeta_2 + \zeta_1}{1-\beta_{12}\beta_{21}}, \zeta_2\right) \neq 0$$

由于一个解释变量和干扰项相关,OLS 估计的一个关键假设被违背了。因此,关于非递归模型的结构方程的 OLS 估计是有偏的和不一致的估计量。在任何样本量下,OLS 的使用都会不准确地评估因果效应。

值得注意的是,尽管 OLS 估计作为结构方程的估计是不合适的,但是它对于约减形式的方程是合适的。再次,y_1 的约减形式方程是:

$$y_1 = \frac{1}{1-\beta_{12}\beta_{21}}(\beta_{12}\gamma_{22}x_2 + \gamma_{11}x_1 + \beta_{12}\zeta_2 + \zeta_1) \qquad [4.4]$$

或者

$$y_1 = \Pi_{11}x_1 + \Pi_{12}x_2 + \zeta_1^*$$

因为 x_1 和 x_2 是外生变量，

$$\mathrm{COV}(x_2,\ \zeta_1^*)=\mathrm{COV}\left(x_2,\ \frac{\beta_{12}\zeta_2+\zeta_1}{1-\beta_{12}\beta_{21}}\right)=0 \quad [4.5]$$

以及

$$\mathrm{COV}(x_2,\ \zeta^*)=\mathrm{COV}\left(x_2,\ \frac{\beta_{12}\zeta_2+\zeta_1}{1-\beta_{12}\beta_{21}}\right)=0 \quad [4.6]$$

因此，OLS 估计对于约化形式的方程是合适的。

第2节 | 有限信息估计的可选方法:两阶段最小二乘法

2SLS是非递归模型的较为合适的有限信息估计。2SLS从属于一个更大的估计量类别,即工具变量。回忆一下,一个工具变量 z_1 必须满足两个条件:$COV(z_1, \zeta_1)=0$ 并且 $COV(z_1, x_1)\neq 0$。也即,工具变量必须与干扰项无关但是和问题变量相关。[18]在非递归模型中,问题变量可以是 y。IV估计所使用的工具变量并没有和问题变量同时出现在方程之中,而使用工具变量的目的在于"清除"问题变量和干扰项之间的关系。

外生变量在一个方程中充当这一方程的工具变量,因此一个方程的工具变量的完整列表包括了方程中所有的外生变量(包括工具变量)以及被识别为问题变量的工具的被忽略变量(不包括工具变量)。有时候剔除的变量又被叫做"识别的工具变量"。[19]

尽管对于问题变量往往存在不止一个工具变量,2SLS选择和问题变量最相关的工具变量的组合,因此其在工具变量估计这一类别中是更为有效的。而且,不像其他文献中提到的工具变量估计,在非递归的方程系统中,被剔除的工具变量往往来自体系中其他的方程之中。例如,在方程

4.1 和 4.2 中，x_1 作为 y_1 的工具变量，x_2 作为 y_2 的工具变量。

理论上说，2SLS 用两个阶段进行 OLS 估计。在第一阶段，方程中每个内生的独立变量对方程体系中所有的外生变量做回归。也即，它对本方程中所有的外生变量（包括工具变量）以及其他方程中所有的外生变量（不包括工具变量）进行回归。例如，在方程 4.1 中，2SLS 的第一阶段是用 y_2 对 x_1 和 x_2 进行回归。

大多数情形下，第一阶段的方程是约减形式的方程。上面这个例子的第一个结构方程的第一阶段回归是：

$$y_2 = \Pi_{21} x_1 + \Pi_{22} x_2 + \zeta_2^* \quad [4.7]$$

我们从约化形式的方程中得到预测值（$\hat{y}_2$）：

$$\hat{y}_2 = \hat{\Pi}_{21} x_1 + \hat{\Pi}_{22} x_2 \quad [4.8]$$

其中预测值 $\hat{y}_2$ 可以被视为 y_2 的整合工具变量。[20]预测值 $\hat{y}_2$ 可以被解释为 y_2 和干扰项不相关的部分。因此，通过外生变量计算出的预测值已经清除了和干扰项之间的关系。核心的思想在于第一阶段对约化形式的方程使用了 OLS 估计。如上面所讨论的，由于干扰项和外生变量之间无关，约化形式的方程可以使用 OLS 估计。

在 2SLS 的第二阶段，我们利用第一阶段得出的内生变量的拟合值，将最小二乘法应用到结构方程之中。在我们的例子中，在结构方程中，我们用 $\hat{y}_2$ 替代原始的 y_2：

$$y_1 = \beta_{12} \hat{y}_2 + \gamma_{11} x_1 + \zeta_1 \quad [4.9]$$

这一方程不再包含问题变量（即，解释变量不再和干扰项相关)并且可以通过 OLS 进行估计。值得注意的是,干扰项在此更为复杂,因为它包含了 y_2 的剩余的部分。

实际上,进行手动 2SLS 需分析纠正标准误以解决这个预测值的不确定性。因为这个纠正过程在不同的统计软件里都可以执行,因此最好使用软件包估计 2SLS。

我们可以在非递归联立方程中更为普遍地介绍 2SLS 估计。考虑下面取自一组结构方程的单个方程:

$$y_i = \mathbf{Y}_i \boldsymbol{\beta}_i + \mathbf{X}_i \boldsymbol{\gamma}_i + \boldsymbol{\zeta}_i$$

其中,i 代表 p 个总体方程中的一个。$\mathbf{Y}_i \neq \mathbf{Y}$ 以及 $\mathbf{X}_i \neq \mathbf{X}$,这意味着并非体系中的所有变量都出现在一个方程之中。

定义

$$\mathbf{Z} = [\mathbf{Y}_i \mathbf{X}_i]$$

并且

$$\boldsymbol{\delta}_i = \begin{bmatrix} \boldsymbol{\beta}_i \\ \boldsymbol{\gamma}_i \end{bmatrix}$$

所以所有的相关系数都出现在单个的列上,因此

$$y_i = \mathbf{Z}_i \boldsymbol{\delta}_i + \zeta_i \qquad [4.10]$$

记住,$\mathbf{Y}_i$ 与干扰项相关。

在 2SLS 中,并非 $\mathbf{Y}_i$,而是 $\hat{\mathbf{Y}}_i$ 被应用到其中,其中工具变量是方程体系中所有的外生变量 ($\mathbf{X}$)。[21]

$$\hat{\mathbf{Y}}_i = \mathbf{X}[(\mathbf{X}'\mathbf{X})^{-1}\mathbf{X}'\mathbf{Y}_i] \qquad [4.11]$$

从上面可得,我们得出下面方程:

$$y_i = \hat{\mathbf{Z}}_i \boldsymbol{\delta}_i + \zeta_i^*$$

其中，$\hat{\mathbf{Z}}_i = [\hat{\mathbf{Y}}_i \mathbf{X}_i]$ 并且 ζ_i^* 和 $\hat{\mathbf{Z}}_i$ 渐近不相关。

在 2SLS 中的 IV 估计值因此是

$$\begin{aligned} \hat{\boldsymbol{\delta}}_{i,\,2SLS} &= \begin{bmatrix} \hat{\boldsymbol{\beta}}_{i,\,2SLS} \\ \hat{\boldsymbol{\gamma}}_{i,\,2SLS} \end{bmatrix} = [(\hat{\mathbf{Z}}_i' \hat{\mathbf{Z}}_i)^{-1} \hat{\mathbf{Z}}_i' y_i] \\ &= \begin{bmatrix} \hat{\mathbf{Y}}_i' \hat{\mathbf{Y}}_i & \hat{\mathbf{Y}}_i' \mathbf{X}_i \\ \mathbf{X}_i' \hat{\mathbf{Y}}_i & \mathbf{X}_i' \mathbf{X}_i \end{bmatrix}^{-1} \begin{pmatrix} \hat{\mathbf{Y}}_i' y_i \\ \mathbf{X}_i' y_i \end{pmatrix} \end{aligned} \tag{4.12}$$

第3节 | 一般最小二乘法与两阶段最小二乘法

和所有的IV估计类似,2SLS估计有一定的样本偏差。但是在所有的有限信息IV估计中,2SLS是渐近无偏的、一致的并且渐近有效的。[22]

当估计非递归模型时,在小样本中OLS是有偏的并且一般有着所有常用估计之中最大的偏差。更重要的是,OLS估计量是不一致的。OLS也产生了过小的标准误,这经常带来拒绝原假设的结果(Kmenta, 1997:714)。2SLS也有着一定的样本偏误,尽管它的偏误一般小于OLS。OLS和2SLS的偏误一般是同一方向。2SLS确实有着比OLS更大的方差。事实上,基于均方误的标准(偏误和方差的组合),有些情形下可能使用OLS比2SLS更加合适,尽管这只是在小样本下的一种潜在策略。

2SLS的标准误要比OLS更大,并且其大小取决于IV的质量。如果第一阶段回归中R^2很小,那么它会跟估计系数带来更大的渐近方差,会导致二阶段估计在统计上不显著。我们在第5章会讨论到弱IV的问题,以及如何去检验它们。

考虑到和识别合适的IV有关的挑战以及检验它们有效性的需要,一些研究者在他们的模型中可能只是忽略内生性的问题。就像上面所强调的,OLS是不一致的,并且会在任何样本量下都不能产生准确的参数估计。在表4.1中,我们比较了在第2章例子中的OLS和2SLS估计值。志愿组织和信任是在一个相互关系中进行建模的。这个模型准确地被每个内生变量对应的一个工具变量所识别,并且和一个测量变量(教育)一起估计了这些结果。

表4.1 OLS和2SLS的比较,恰好识别的例子

	(1)	(2)
	2SLS	OLS
组织成员资格的结果		
相互信任	0.027 (0.309)	0.191 (0.031)
教育年限	0.184 (0.021)	0.174 (0.008)
是否有小于6岁的孩子	−0.189 (0.060)	−0.167 (0.044)
截距	−0.405 (0.284)	−0.266 (0.111)
R^2	0.108	0.113
相互信任的结果		
组织成员资格	0.679 (0.179)	0.046 (0.007)
教育年限	−0.064 (0.034)	0.052 (0.004)
去年是否经历盗窃	−0.300 (0.075)	−0.310 (0.045)
截距	−0.531 (0.118)	−0.816 (0.052)
R^2	—	0.071

注:N=4 598。

使用OLS和2SLS得出的结果存在较大的差异。在OLS估计中,成员资格和相互信任之间存在正相关,并且相互信任显著地增加了成员资格的可能性。在 2SLS 中,只有成员资格对相互信任的关系是显著的。在 OLS 中,两变量之间的正相关并没有部分地归于这两个变量。相反,它简单地被归于模型中被设定的外生变量。换句话说,OLS 将一部分结果变量中由于误差项所带来的差异不准确地归于和误差项相关的内生变量。这些结果解释了忽略内生性影响模型中其他变量的相关系数。同样需要注意的是这些 OLS 方程中的标准误小于 2SLS 方法得出的结果。这反映出 2SLS 方法会带来方差的提高。最后,使用 2SLS 很可能带来负的 R^2。参见第 5 章对这一现象的讨论。我们依循惯例不报告负的 R^2——如第 5 章所讨论的,在非递归模型中 R^2 的解释并不是直接的。

第4节 完全信息估计：三阶段最小二乘法

下面我们讨论两种完全信息估计：三阶段最小二乘(3SLS)和完全信息最大似然法(ML)。3SLS是一种在结构参数估计时，利用系统中其他方程的信息进行估计的技术(Zellner & Theil, 1962)。3SLS估计并没有像2SLS和ML那样常见，但是它建立在2SLS基础之上，因此我们有必要简要讨论。

3SLS的逻辑在于有效性的增加可以通过将广义最小二乘(GLS)应用到2SLS之中得以实现。我们开始从2SLS的第二阶段方程进行讨论：

$$y_1 = \hat{\mathbf{Z}}_1 \boldsymbol{\delta}_1 + \boldsymbol{\zeta}_1^*$$

$$y_2 = \hat{\mathbf{Z}}_2 \boldsymbol{\delta}_2 + \boldsymbol{\zeta}_2^*$$

$$\vdots$$

$$y_i = \hat{\mathbf{Z}}_i \boldsymbol{\delta}_i + \boldsymbol{\zeta}_i^*$$

其中 $\hat{\mathbf{Z}}_i = [\hat{\mathbf{Y}}_i \mathbf{X}_i]$。

或者

$$y = \hat{\mathbf{Z}}\boldsymbol{\delta} + \boldsymbol{\zeta}^* \qquad [4.13]$$

我们将 GLS 应用到这个方程之中，得到：

$$\hat{\boldsymbol{\delta}}_{GLS}=[\hat{\mathbf{Z}}'(\boldsymbol{\Psi}^{-1}\otimes\mathbf{I})\hat{\mathbf{Z}}]^{-1}[\hat{\mathbf{Z}}'(\boldsymbol{\Psi}^{-1}\otimes\mathbf{I})y] \quad [4.14]$$

其中 $\boldsymbol{\zeta}$ 的方差协方差矩阵是 $\boldsymbol{\Psi}\otimes\mathbf{I}$。

$\boldsymbol{\Psi}$ 必须被估计。Zellner 和 Theil(1962)建议使用 2SLS 估计中的剩余项：

$$\psi_{ij}=(y_i-\hat{\mathbf{Z}}_i\hat{\boldsymbol{\delta}}_i)'(y_i-\hat{\mathbf{Z}}_i\hat{\boldsymbol{\delta}}_i)/\mathbf{N} \quad [4.15]$$

在方程 4.14 中，用 $\hat{\boldsymbol{\Psi}}$ 替代 $\boldsymbol{\Psi}$，我们得到 3SLS 的估计值：

$$\hat{\boldsymbol{\delta}}_{3SLS}=[\hat{\mathbf{Z}}'(\hat{\boldsymbol{\Psi}}^{-1}\otimes\mathbf{I})\hat{\mathbf{Z}}]^{-1}[\hat{\mathbf{Z}}'(\hat{\boldsymbol{\Psi}}^{-1}\otimes\mathbf{I})y] \quad [4.16]$$

简而言之，(1)2SLS 第二阶段(结构)方程的残差项可以被计算出来，(2)这些残差项被用以估计方程偏误的方差/协方差矩阵，以及(3)矩阵可以用作对方程的 GLS 估计的三明治(Sandwich)矩阵。

下面两种情形下，2SLS 和 3SLS 会得到相等的结果。第一种情形是当方程误差项的协方差全部为 0，第二种情形是当所有方程都可以被恰好识别(Zellner & Theil，1962)。两种情形下，两种技术产生的估计都不会有信息的实际增加。本质上，恰好识别的方程并没有给系统带来新的信息。因此，对于一个有两个方程的模型，一个恰好被识别而另一个是过度识别的，两种方法下，过度识别方程的估计是相同的。这是因为准确识别的方程并没有给过度识别的方程估计带来新的信息。但是，2SLS 得出的准确识别的方程的估计值不同于 3SLS 的结果，因为在 3SLS 过程中过度识别方程的限定会被用在它的估计之中。然而，如果模型中存在不止一个过度识别的方程，那么在两种方法下所有方程的估计都会有所区别。

第5节 | 完全信息的最大似然估计

联立方程组模型最常用的完全信息估计是 ML 估计量。ML 估计通过处理所有方程和参数尝试最小化模型暗含的协方差矩阵和总体协方差矩阵的元素差异：$\mathbf{\Sigma}=\mathbf{\Sigma}(\boldsymbol{\theta})$。利用已有的数据，模型的参数可以利用样本中两个矩阵，$\mathbf{S}$ 和 $\mathbf{\Sigma}(\boldsymbol{\theta})$，在统计上估计出来。模型的参数包括(1) $\mathbf{\Phi}$（外生变量的协方差矩阵）的元素，(2) $\mathbf{\Psi}$（干扰项的协方差矩阵）的元素，以及(3)包含在 $\mathbf{\Gamma}$ 和 $\mathbf{B}$ 之内的相关系数。所有这些矩阵以 $\mathbf{\Sigma}(\boldsymbol{\theta})$ 表示，并且包含有它们的估计，$\hat{\mathbf{\Phi}}$、$\hat{\mathbf{\Psi}}$、$\hat{\mathbf{B}}$ 和 $\hat{\mathbf{\Gamma}}$ 的矩阵以 $\mathbf{\Sigma}(\hat{\boldsymbol{\theta}})$ 表示。

基于潜变量方法的 SEM，拟合方程的 ML 可以被写为：

$$F_{ML}=\log|\mathbf{\Sigma}(\boldsymbol{\theta})|+\operatorname{tr}(\mathbf{S}\mathbf{\Sigma}^{-1}(\boldsymbol{\theta}))-\log|\mathbf{S}|-(p+q) \quad [4.17]$$

这个估计值的推导可以在其他文献中看到(Bollen, 1989b:131—135)。为了理解这一拟合方程，考虑完美拟合的情形，即 $\mathbf{\Sigma}(\hat{\boldsymbol{\theta}})=\mathbf{S}$。当模型能够完美拟合数据，这一情形就会出现。更常见的情况是，当你的模型恰好被识别，它也会出现。当 $\mathbf{\Sigma}(\hat{\boldsymbol{\theta}})=\mathbf{S}$，方程 4.17 的第一项和第三项是相等的，符号相反。而且，第二项和第四项是相等的并且符号相反($\mathbf{S\Sigma}^{-1}(\boldsymbol{\theta})=\mathbf{I}_{p+q}$)。 总之,这些协方差矩阵之间的完美对应导致了 ML 拟合方程的值为 0。

在大多数过度识别的情形中,ML 拟合方程不会导致结果为 0。$\mathbf{S}$ 和 $\boldsymbol{\Sigma}(\hat{\boldsymbol{\theta}})$ 相差越大,F_{ML} 的值越大。

第6节 | 理解迭代估计

ML估计使用拟合方程迭代未知总体参数 $\mathbf{\Phi}$、$\mathbf{\Psi}$、$\mathbf{B}$ 和 $\mathbf{\Gamma}$ 的估计值。在这一节，我们解释迭代估计如何作用的基本思想。

回到第2章的三变量模型的例子，总体观察的协方差矩阵是：

$$\mathbf{\Sigma}=\begin{bmatrix} \mathrm{VAR}(y_1) & & \\ \mathrm{COV}(y_2, y_1) & \mathrm{VAR}(y_2) & \\ \mathrm{COV}(x_1, y_1) & \mathrm{COV}(x_1, y_2) & \mathrm{VAR}(x_1) \end{bmatrix}$$

以及模型暗含的协方差矩阵是：

$$\mathbf{\Sigma}(\boldsymbol{\theta})=\begin{bmatrix} \gamma_{11}^2\phi_{11}+\psi_{11} & & \\ \begin{matrix}(\gamma_{11}^2\beta_{21}+\\ \gamma_{11}\gamma_{21})\phi_{11}\\ +\beta_{21}\psi_{11}\end{matrix} & \begin{matrix}(\beta_{21}^2\gamma_{11}^2\phi_{11}+\\ 2\beta_{21}\gamma_{11}\gamma_{21}+\gamma_{21}^2)\phi_{11}\\ +\beta_{21}^2\psi_{11}+\psi_{22}\end{matrix} & \\ \gamma_{11}\phi_{11} & \beta_{21}\gamma_{11}\phi_{11}+\gamma_{21}\phi_{11} & \phi_{11} \end{bmatrix}$$

在估计过程中，尽管我们分析样本所对应的 $\mathbf{S}$ 和 $\mathbf{\Sigma}(\boldsymbol{\theta})$，我们的目的是最小化协方差矩阵之间的差异，$\mathbf{\Sigma}=\mathbf{\Sigma}(\boldsymbol{\theta})$。在上面的例子中，假设 $\mathbf{S}$ 为：

$$\mathbf{S} = \begin{bmatrix} 14 & & \\ 11 & 25 & \\ 6 & 9 & 2 \end{bmatrix}$$

然后我们对参数 $\mathbf{\Phi}$、$\mathbf{\Psi}$、$\mathbf{B}$ 和 $\mathbf{\Gamma}$ 进行猜测，得到 $\mathbf{\Sigma}(\hat{\boldsymbol{\theta}})$：

$$\mathbf{\Sigma}(\hat{\boldsymbol{\theta}}) = \begin{bmatrix} 13 & & \\ 11 & 24 & \\ 6 & 8 & 2 \end{bmatrix}$$

$\mathbf{S}$ 和 $\mathbf{\Sigma}(\hat{\boldsymbol{\theta}})$ 之间的差异构成了一个残差矩阵。这一矩阵反映出两个协方差矩阵之间的差异。我们可以略微改变我们对 $\mathbf{\Phi}$、$\mathbf{\Psi}$、$\mathbf{B}$ 和 $\mathbf{\Gamma}$ 的估计值以改变 $\mathbf{\Sigma}(\hat{\boldsymbol{\theta}})$，尽可能地减小残差矩阵中的值。

最大似然估计值是基于模型暗含的协方差矩阵的限定的，其通过这种方式多次迭代以求得最优值。对数似然所发生改变的临界值被选为停止机制。对于某一次迭代，如果其带来的对数似然提升少于这一标准，估计就会结束。参见 Bollen(1989b：136—144)对最小化拟合方程的代数过程清楚的描述。

在估计过程中获得拟合方程的一个好处是在过度识别的情形下对模型拟合度的测量。关于拟合的这种和其他测量方式会在第 5 章中得到更详细的讨论。

第7节 | 完全信息和有限信息估计

完全信息和部分信息估计的关键区别在于偏误和方差之间的取舍。完全信息方法利用了联立方程组的所有方程提供的所有信息。单个方程的估计忽略了方程干扰项之间的关联以及出现在体系其他方程之中的限定。因此完全信息估计会有大样本有效性的优势。[23]这种效率提升的程度取决于模型设定、样本大小和观察变量的峰态。当干扰项之间的关联很小时,相对于有限信息方法而言的完全信息方法所带来的效率提升其实并不大。[24]一些模拟结果已经发现了在合理的模型条件下,对于最大似然法和两阶段最小二乘法而言完全信息法仅仅有很小的效率提升(Bollen et al., 2007)。

尽管完全信息方法比有限信息技术更加有效率,它们对模型的错误设定更加敏感(Bollen et al., 2007; Cragg, 1968)。尽管在模型被正确设定时,完全信息技术的结果会是一致的,但是模型中任何错误设定都会使整个模型中的参数估计产生偏误(Curran, 1994; Kaplan, 1988)。相反,给定2SLS在每个方程中的估计值,一个模型中的错误设定并不会影响其他方程中的参数估计(只要这一参数估计不会影响被排除的变量/工具变量)(Bollen, 1996)。这方便研究者将模型错误设定分割出来(Kirby & Bollen, 2009)。总之，有些模拟的证据证明由于模型错误设定导致的偏误所带来的成本要大于效率提升带来的效益(Bollen et al., 2007)。这是目前正在开展的研究领域。

这里所讨论的估计技术(2SLS, 3SLS 和 ML)都是一致的。因此，随着样本的增加，它们的估计值都会接近总体参数。也有一种情况是这里讨论的所有估计技术都会产生很小的样本偏误。然而，尽管考虑到很小的样本偏误，模拟的文献并没有很清晰的思路以辨别出完全信息估计和有限信息估计哪个更好。

因此研究者在认清完全信息和有限信息的区别后，需要谨慎选择一种合适的方法。有限信息方法，例如 2SLS，并不是一种过时的技术。使用结构方程模型的研究者并不能将这种方法忽略掉。的确，除非研究者对模型中所有方程的设定充满了自信，否则就可以采用有限信息模型以分割每个方程可能存在的错误设定。而且，非递归模型的约减方程包含了丰富的信息。这些信息往往无法被采用完全信息方法的研究者所认识。我们在下一章会进行讨论。

第 8 节 | 实证例子:恰好识别的情形

我们借用第 2 章中的实证例子来解释这些估计值。我们以一种相互关系的方式对志愿组织和信任建模。第一个模型通过每个内生变量的一个工具变量被准确地识别出来,并且通过一个测量变量(教育)来预测这些结果。表 4.2 给出了三个估计值的结果:2SLS 估计、3SLS 估计以及最大似然估计。因为模型被准确识别,所以仅仅存在一种可能的结果。因此所有的估计值产生了相同的结果。

表 4.2 对于准确识别模型,使用 2SLS, 3SLS 和 ML 的结果

组织成员资格的结果		相互信任的结果	
相互信任	0.027 (0.309)	组织成员资格	0.679 (0.179)
教育年限	0.184 (0.021)	教育年限	−0.064 (0.034)
是否有小于 6 岁的孩子	−0.189 (0.060)	去年是否经历盗窃	−0.300 (0.075)
截距	−0.405 (0.284)	截距	−0.531 (0.118)
R^2	0.108	R^2	—

注:N=4 598。

对于所有三个估计值,我们取得了相同的参数估计以及相同的标准误。这一结果强调了我们之前得出的结论,即效率提高只适用于过度识别的模型。

在实证上，我们感兴趣的是志愿组织成员资格和相互信任之间可能的相互关系。在这一模型中，并没有证据表明相互信任的程度对志愿组织的成员资格有影响，因为估计的参数小于标准误，这意味着结果并不显著。另一方面，证据表明更可能报告成员资格的个体会报告更强的人际信任：如果控制个体的教育程度和在过去一年经历了盗窃事件，多报告一种组织成员归属的个体在相互信任上就会增加 0.68 的正向关联。

模型中的其他变量显示了预期效应。例如，如假设所言，低年龄孩子的存在对志愿组织成员资格有显著的负效应，并且在过去一年经历盗窃事件会显著降低相互信任。这是对我们工具变量的一种评估。我们会在第 5 章进一步讨论。最后，更高教育水平的个体报告了更高层面的成员资格，和我们的预期保持了一致。然而更高程度的教育水平和相互信任之间仅仅存在边际相关。

第 9 节 | 非递归模型的 STATA 和 SAS 命令

执行 2SLS 的指令代码在 Stata 10 版本前后存在细微的差别。我们从 Stata 10 开始说明命令：

```
* Voluntary association equation
ivregress assoc(intprtrst = burglary) educ babies,
first
* interpersonal trust equation
ivregress intprtrst(assoc = babies) educ burglary,
first
```

在第一条代码中，assoc 是变量“志愿组织”，intprtrst 是“相互信任”，burglary 代表过去一年是否经历盗窃事件，babies 代表家庭中是否有小于 6 岁的孩子，educ 是受访者的教育年限。

对于 Stata 10 以前的版本，这一指令需要用 ivreg2 代替 ivregress。尽管在 Stata 10 之前的版本，已经自带了 ivreg 这一 2SLS 估计指令，但是 ivreg2 指令是一个更好的工具，因为它可以评估工具变量的质量。因此可以通过下载获得并且通过键入“install ivreg2”安装进 Stata。

对于志愿组织的方程，我们首先找出结果变量（assoc）。

然后我们在方程中标示出内生变量(intprtrst)。在等号之后,这个方程的工具变量包括:并没有出现在方程中(burglary)但是在假设中被用以预测这个内生变量的变量。之后我们列出方程中其他的外生变量以估计志愿组织成员资格(educ 和 babies)。

对于相互信任方程,这个逻辑是相同的。首先,我们列出结果变量(intprtrst),之后在等号之前,我们列出这个方程中作为预测变量的内生变量(assoc);在等号之后,我们列出被排除的工具变量(babies)。这一行的最后一部分列出了方程中其他的外生变量(educ 和 burglary)。

逗号后列举的命令是可选择的。在这个例子中,我们要求 STATA 提供第一阶段方程的结果。需要注意的是,stata 通过命令 robust 可以提供异方差稳健标准误。

2SLS 估计的 SAS 代码如下所示:

```
proc syslin data = a1 2sls first;
endogenous assoc intprtrst;
instruments burglary educ babies;
assoc: model assoc = intprtrst educ babies/overid;
run;

proc syslin data = a1 2sls first;
endogenous assoc intprtrst;
instruments burglary educ babies;
intprtrst: model intprtrst = assoc educ burglary/
overid;
run;
```

这些命令使用了 syslin 过程(线性方程系统)。第一行的 2SLS 命令告诉 SAS 使用 2SLS 估计,first 是要呈现出第一阶段方程的结果。命令 endogenous 列出了系统中所有的内生变量。命令 instruments 列出了系统中所有的外生变量。我们用"assoc:"来给模型命名。在命令 model 之后,我们在等号之前列出结果变量(assoc),然后在等号之后列出方程中所有的预测值,包括这一列的内生变量,并将其放在最前面。在符号"/"之后,我们可以有各种可选的命令;这里我们要求进行各种过度识别检验(overid),这在第 5 章将会得到描述。相互信任方程可以类似地被指定,区别仅仅在于模型表述列出的是包括在这一个方程中的变量。

3SLS 估计的 Stata 命令是

```
reg3(assoc intprtrst educ babies) (intprtrst assoc
educ burglary)
```

命令 reg3 要求 Stata 进行 3SLS 估计。系统中的方程通过一系列的插入成分进行指定;在每种情形下,结果变量会首先被列出,然后方程中所有其他的变量(内生的或外生的)被放置其后。

3SLS 估计的 SAS 命令如下所示:

```
proc syslin data = a1 3sls first;
endogenous assoc intprtrst;
instruments burglary educ babies;
assoc: model assoc = intprtrst educ babies/overid;
intprtrst: model intprtrst = assoc educ burglary/
overid;
run;
```

我们再次使用 syslin 过程,但是第一行的 3sls 命令告诉 SAS 使用 3SLS 估计。命令 endogenous 在此列出了系统中的所有内生变量,然后命令 instruments 列出了系统中所有的外生变量。命令 model 指定了实际的结构方程。

使用 proc syslin 的 ML 估计的 SAS 代码如下:

```
proc syslin data = a1 fiml first;
endogenous assoc intprtrst;
instruments burglary educ babies;
assoc: model assoc = intprtrst educ babies/overid;
intprtrst: model intprtrst = assoc educ burglary/overid;
run;
```

在 syslin 过程中,第一行的命令 fiml 要求 SAS 进行 ML 估计。命令 endogenous 包含了系统中所有的内生变量;命令 instruments 包含了所有的外生变量。命令 model 指定了实际的结构方程。

作为替代的方法,研究者可以在 SAS 中使用命令 proc calis,这同样是使用 ML 估计去获得和 proc syslin 相同的结果。使用 calis 过程的一个好处是它提供了模型的总体拟合统计量,这在第 5 章会进行讨论。这里是估计这一模型的代码:

```
proc calis data = a1 method = ml platcov ucov aug;
var assoc intprtrst educ babies burglary;
lineqs
assoc = all intercept + b12 intprtrst + g11 educ
+ g12 babies + d1;
intprtrst = a21 intercept + b21 assoc + g21 educ
+ g23 burglary + d2;
```

```
std
d1 - d2 = ph1 - ph2;
cov
d1 - d2 = ph12;
run;
```

我们使用 calis 过程通过 ML 估计这个方程系统。命令 method=ML 要求 SAS 使用 ML 估计。附属命令 aug 允许我们指定方程中的截距。var 行列出了整个模型的所有变量。命令 lineqs 后的区域列出了系统的所有方程。对于志愿组织方程,我们首先列出结果变量(assoc);在等号之后,我们列出方程中包含截距项的所有变量。我们必须对每一个变量定义一个特定的参数。因此,“a11”代表了方程中截距项的参数,“b12”是 intprtrst 对 assoc 影响的参数,“g11”是 educ 对 assoc 影响的参数,“g12”是 babies 对 assoc 影响的参数,“d1”是干扰项。值得注意的是,这一区域的最后一个方程需要有分号作为结束,而其他所有方程均用逗号结束。同样要注意的是在相互信任方程中,需要对参数指定名称以区分志愿组织方程中的参数。

std 的区域允许我们定义干扰项的方差。在此,我们定义变量的方差 d1 和 d2 为“ph1”和“ph2”。cov 的区域允许我们定义协方差。我们定义两个干扰项之间的协方差为“ph12”。换句话说,我们详细地将干扰项之间的相关纳入到联立模型系统中,如图 2.4 所示。

第10节 | 实证例子:过度识别的情形

尽管对于准确识别的模型而言,估计值的选用并不会带来有差异的结果,但是对于过度识别的模型而言却不是这样。对于这样的模型,为了重述,我们通过对每个方程增加第二个工具变量来修正以前的模型。加入观看电视的时间作为影响组织参与的因素,并且加入经历父母离婚作为影响信任的因素。这一过度识别模型的结果呈现在表4.3中。结果帮助我们观察不同估计所得出的不同估计值。

首先,考虑到志愿组织和相互信任之间的相互关系,对于我们关键的研究问题,我们的结论和准确识别模型的结果是一致的。不考虑估计之间的差异,没有证据表明更高程度的相互信任会提高成为组织成员的可能性,因为这一估计值一直小于标准误。另一方面,有证据表明成员资格提高了所报告的相互信任:额外组织类型的参与对相互信任的影响分别是3SLS估计得出的0.472,2SLS估计得出的结果0.474,以及ML估计得出的0.490。

对于模型中的其他测量,基于不同的估计会有差异。例如,以相互信任为结果变量的方程中,去年经历盗窃事件的2SLS估计值相较于其他两个估计值有更强的负效应。相反,16岁前父母离异经历影响的2SLS估计值有更弱的效

表 4.3 对于过度识别模型,应用 2SLS, 3SLS 和 ML 估计的结果

	2SLS 估计	3SLS 估计	ML 估计
组织成员资格的结果			
相互信任	0.076 (0.275)	0.067 (0.275)	0.070 (0.275)
教育年限	0.168 (0.018)	0.170 (0.018)	0.170 (0.017)
看电视的时间	−0.066 (0.014)	−0.059 (0.013)	−0.058 (0.013)
是否有小于 6 岁的孩子	−0.178 (0.056)	−0.214 (0.050)	−0.210 (0.049)
截距	−0.002 (0.230)	−0.043 (0.228)	−0.049 (0.223)
R^2	0.117	0.116	0.116
相互信任的结果			
组织成员资格	0.474 (0.090)	0.472 (0.090)	0.490 (0.092)
教育年限	−0.025 (0.017)	−0.024 (0.017)	−0.028 (0.018)
去年是否经历盗窃	−0.298 (0.060)	−0.283 (0.056)	−0.282 (0.057)
16 岁之前父母是否离婚	−0.072 (0.032)	−0.084 (0.025)	−0.084 (0.025)
截距	−0.605 (0.080)	−0.604 (0.080)	−0.596 (0.082)
R^2	—	—	—

注:N=4 598。

应。类似地,在市民参与方程中也有一些区别,因为观看电视影响的 2SLS 估计更强,而有孩子的影响对于 2SLS 估计更弱一些。这些都是非常适度的不同。

2SLS 估计的 Stata 代码如下所示:

```
* voluntary association equation
ivregress assoc ( intprtrst = burglary pardiv16 )
educ tvhours babies, first
```

```
* interpersonal trust equation
ivregress intprtrst(assoc = babies tvhours) educ burglary pardiv16, first
```

2SLS 估计的 SAS 代码是:

```
proc syslin data = a1 2sls first;
endogenous assoc intprtrst;
instruments burglary educ babies tvhours pardiv16;
assoc: model assoc = intprtrst educ babies tvhours/overid;
run;
proc syslin data = a1 2sls first;
endogenous assoc intprtrst;
instruments burglary educ babies tvhours pardiv16;
intprtrst: model intprtrst = assoc educ burglary pardiv16/overid;
run;
```

3SLS 估计的 Stata 代码如下:

```
reg3(assoc intprtrst educ tvhours babies) (intprtrst assoc educ burglary pardiv16)
```

3SLS 估计的 SAS 代码是:

```
proc syslin data = a1 3sls first;
endogenous assoc intprtrst;
instruments burglary educ babies tvhours pardiv16;
assoc: model assoc = intprtrst educ babies tvhours/overid;
intprtrst: model intprtrst = assoc educ burglary
```

```
pardiv16/overid;
run;
```

ML 估计的 SAS 代码是：

```
proc syslin data = a1 fiml first;
endogenous assoc intprtrst;
instruments burglary educ babies tvhours pardiv16;
assoc: model assoc = intprtrst educ babies tvhours/
overid;
intprtrst: model intprtrst = assoc educ burglary
pardiv16/overid;
run;
```

采用 ML 估计使用 calis 过程估计这一方程系统的代码如下：

```
proc calis data = a1 method = ml platcov ucov aug;
var assoc intprtrst educ babies burglary tvhours
pardiv16;
lineqs
assoc = a11 intercept + g12 intprtrst + g13 educ
+ g15 tvhours + g14 babies + d1,
intprtrst = a21 intercept + g21 assoc + g23 educ +
g24 burglary + g25 pardiv16 + d2;
std
d1 - d2 = ph1 - ph2;
cov
d1 - d2 = ph12;
run;
```

评　估

本章我们会讨论模型评估。这里主要关注三部分内容：(1)对每个方程各成分的评估;(2)对包含潜变量的传统结构方程的总体拟合优度的评估;(3)对工具变量质量的评估。其实由于 SEM 软件包采用最大似然估计,很少提供工具变量等的模型检验,因此这可能令研究者忽略质量评估的重要性。另外,估计量的选取非常关键,就如坏的或是弱的工具变量会削弱任何一个估计量的价值一样。这里我们将讨论的检验较易实现,在大多数标准统计软件包中均可进行。

第1节 单方程评估

在通过普通最小二乘法估计单一方程时,多方程系统中的每个方程都要用同样的统计诊断(diagnostics)方法进行(Belsley et al., 2004; Fox, 1991; Long, 1988)。大多OLS回归教材涵盖了一些基本问题,如,多重共线性(multicollinearity),异方差(heteroscedasticity),奇异值(outlier)等等,这里我们不再重复。[25]然而,研究者首先要明白对模型总体的估计基于多方程系统中的每个单一模型。例如,研究者需要利用他们的主观认知决定所得系数的方向是否合适、是否显著等等。且研究者还需要评估每个方程的方差解释量(R^2)是否符合研究领域的可接受水平。

然而,非递归模型的 R^2 的解释并不直接。要理解其复杂性,我们首先考虑 R^2 的定义:

$$R_i^2 = 1 - \mathrm{VAR}(\zeta_i)/\mathrm{VAR}(y_i) \qquad [5.1]$$

其中,ζ_i 为结构模型(structural model)的误差项,y_i 为此模型的因变量。该式通常的解释为 y 被解释的方差或者说被模型中所包含的自变量所解释的方差大小。但是,我们现在考虑以下非递归模型:

$$y_1 = \beta_{12} y_2 + \gamma_{11} x_1 + \zeta_1 \qquad [5.2]$$

$$y_2 = \beta_{21} y_1 + \gamma_{22} x_2 + \zeta_2 \qquad [5.3]$$

每个方程的 R^2 都由于系统的非递归性质而复杂化了。单看方程 5.2，ζ_1 与 y_2 表面上并不相关，然而将方程 5.3 代入后却不然。因此，我们不能简单地用 y_1 的方差与误差项 ζ_1 及方程右边的其他变量相除。从而，对 R^2 的解释并不明了。一个解决方案，如 Jöreskog(1999)推荐，我们可以将方程组简化，对简化过的方程的 R^2(R^{2*})进行解释。简化方程的 R^2 解释为 y 被多方程组中所有自变量所解释的相对方差大小(参见 Bentler & Raykov，2000；Hayduk，2006；Teel et al.，1986)。

用工具变量所估计的模型，如用两阶段最小二乘或三阶段最小二乘法可以产生负的 R^2(软件包可能抑制 R^2 值或者不显示任何值)。对于非递归模型，该 R^2 无需解释。如之前所提及，研究者此时应该解释的是简化方程的 R^2。要理解负的 R^2，我们先考虑模型中包含工具变量($\hat{y}$)的残差平方和(Residual Sum of Squares)的计算方法，此时无论如何所得 R^2 均非负。然而，我们感兴趣的是包含可观测 y 的结构模型，以及不应该小于总平方和(Total Sum of Squares)的残差平方和。这并非意味着模型有误，其参数仍可被很好地估计。如一个小型模拟实验表明，尽管模型的总体参数可以被很好地估计，我们仍可能得到负的 R^2，更多细节请参见：http://www.stata.com/support/faqs/stat/2sls.html。

第 2 节 | 模型总体拟合优度评估

联立方程模型不论递归与否，均属于含潜变量的 SEM 集合中的一个子集(Bollen, 1989b)。因此，对于过度识别模型，SEM 中可用于模型评估的方法非常丰富，其他较复杂的方法在众多参考书中有所提及(Bollen, 1989b; Hu & Bentler, 1995, 1999; Kaplan, 2009)，因此，我们针对模型总体拟合优度的相关理论为不熟悉此类评估方法的研究者介绍少数几个拟合优度统计量。通过 SEM 统计包，如 LISREL, MPlus 以及 AMOS，这些统计量非常容易获得。然而目前，要在其他软件包中获得却并非易事。

对模型总体拟合的度量大体是用于比较在参数估计值下，估计模型所隐含的协方差矩阵与总体的协方差矩阵的相似程度。因此，模型的总体拟合优度主要基于基本统计假设：

$$\boldsymbol{\Sigma} = \boldsymbol{\Sigma}(\boldsymbol{\theta}) \qquad [5.4]$$

检验统计量，常被称为“卡方检验”，可以直接检验基本统计假设。其中零假设为：

$$H_0 : \boldsymbol{\Sigma} = \boldsymbol{\Sigma}(\boldsymbol{\theta}) \qquad [5.5]$$

换句话说，我们的模型可以完美地拟合数据。

由于我们无法直接得到总体的协方差矩阵，而仅有用来估计总体行为的样本，因此所得协方差矩阵会因抽样波动有所差异。考虑到这种情况，卡方分布的自由度大小与估计参数个数相同：$1/2(p+q)(p+q-1)$。卡方统计量为 $T=F_{\mathrm{ML}}(N-1)$，其通过样本 $\mathbf{S}$ 以及 $\mathbf{\Sigma}(\hat{\boldsymbol{\theta}})$ 用来检验 $\mathbf{\Sigma}$ 与 $\mathbf{\Sigma}(\boldsymbol{\theta})$ 是否相等。$\mathbf{S}$ 与 $\mathbf{\Sigma}(\hat{\boldsymbol{\theta}})$ 的差异越大，F_{ML} 的值越大。拒绝零假设（χ^2 检验显著）表明模型与数据的拟合存在问题。一个不显著的 χ^2 检验表明模型与数据的拟合程度高。[26] 如果模型被准确识别，那么我们就不能进行这一检验，原因在于模型中没有自由度。

由于社会科学中的模型存在理论上的不确定性，许多研究者认为卡方检验存在局限性，因为它要求准确或完美的拟合。为了减少对模型拟合单一指标的依赖性，许多替代的拟合方法已经被发展出来了。

拟合统计量的增量拟合（incremental fit）用于比较基线模型与研究者的相关模型间的差异。尽管原则上可以指定各种可能的基线模型，最常见的是假设模型中的可观测变量间的协方差为0（因此，我们只估计方差）。基线模型的卡方（标识为 χ^2_{b}）包含 df_{b} 个自由度。我们可以比较该检验统计量与研究者指定模型所得统计量（标识为 χ^2_{m}，包含 df_{m} 个自由度）的差别。增量拟合系列的拟合统计量通常位于0和1之间，值越大拟合程度越好。

最简单的拟合统计量为赋范拟合指数（NFI）（Bentler & Bonnett, 1980），表示为：

$$\mathrm{NFI}=\frac{\chi^2_{\mathrm{b}}-\chi^2_{\mathrm{m}}}{\chi^2_{\mathrm{b}}} \qquad [5.6]$$

其估计了从基线模型到保持模型(maintained model)卡方值成比例减小的程度。

尽管NFI容易理解,但它却存在争议。第一,该指数没有考虑自由度,因此当不断增加参数时,拟合程度定会变好。第二,NFI的抽样分布的均值随样本量的增加而变大。

相对而言,增量拟合指数(IFI)(Bollen, 1989a)为该系列拟合指数中较好的量度,它一方面考虑了模型的自由度;另一方面,其抽样均值也不受样本量的大小而变化。IFI的计算公式为:

$$\mathrm{IFI}=\frac{\chi_b^2-\chi_m^2}{\chi_b^2-df_m} \qquad [5.7]$$

要理解IFI,值得注意的是一个正确的保持模型卡方的期望值为df_m,此时,分母为比较标准。也就是说,如果模型不正确,分子将小于分母(因为保持模型的卡方大于其自由度)。从而,IFI的值越大,模型拟合越好。

该系列其他两个拟合量度为Tucker-Lewis指数(TLI)(Tucker & Lewis, 1973)和相对拟合指数(CFI)(Bentler, 1990)。这两个指数也是通过计算调整过自由度后的基线模型与保持模型间的差异得到。例如,TLI的计算公式为:

$$\mathrm{TLI}=\frac{(\chi_b^2/df_b)-(\chi_m^2/df_m)}{(\chi_b^2/df_b)-1} \qquad [5.8]$$

第二个系列的拟合量度包括拟合优度指数(GFI)以及调整拟合优度指数(AGFI)(Jöreskog & Sörbom, 1986)。GFI的计算公式为:

$$\mathrm{GFI}=1-\frac{\mathrm{tr}[(\mathbf{\Sigma}^{-1}(\hat{\boldsymbol{\theta}})\mathbf{S}-\mathbf{I})^2]}{\mathrm{tr}[(\mathbf{\Sigma}^{-1}(\hat{\boldsymbol{\theta}})\mathbf{S})^2]} \qquad [5.9]$$

其中，$\boldsymbol{\Sigma}^{-1}(\hat{\boldsymbol{\theta}})$ 为在参数估计下所隐含的协方差矩阵的逆阵，**S** 为样本协方差矩阵，**I** 为单位矩阵，tr 表示矩阵的迹(trace)，或者矩阵对角线元素的加和。简言之，GFI 比较了样本协方差与模型预测协方差。两个矩阵差异越大，值离 1 越远，模型拟合度越低。然而，GFI 与 NFI 存在同样的问题，它没有对自由度以及抽样分布均值随样本量大小变化而变化的现象进行调整。

而 AGFI 解决了第一个问题，即，考虑了自由度的影响对 GFI 进行了调整。其计算公式为：

$$\text{AGFI}=1-[(p+q)(p+q+1)/2df_{\text{m}}]\times \left[\left(1-\left(1-\frac{\text{tr}[(\boldsymbol{\Sigma}^{-1}(\hat{\boldsymbol{\theta}})\mathbf{s}-\mathbf{I})^{2}]}{\text{tr}[(\boldsymbol{\Sigma}^{-1}(\hat{\boldsymbol{\theta}})\mathbf{s})^{2}]}\right)\right)\right] \qquad [5.10]$$

另一个常用的拟合优度指数为均方根近似误(RMSEA)(Browne & Cudeck, 1993; Steiger & Lind, 1980)，其计算公式如下：

$$\text{RMSEA}=\sqrt{\frac{(\chi_{\text{m}}^{2}-df_{\text{m}})/(N-1)}{df_{\text{m}}}} \qquad [5.11]$$

其中，N 为样本量。该量度取值范围为 0 到 1，与之前相异，值越小表示模型拟合越好。

RMSEA 的计算是基于检验统计量 T 和非中心卡方分布间的关系。当模型被正确设定，T 服从期望值为 df 的中心卡方分布。而当模型没有被正确设定时，T 服从一个期望值为 $df+\lambda$ 的非中心卡方分布，其中，λ 为非中心参数。因此，非中心参数提供一个对假设模型错误设定程度的测量。它对于 RMSEA 的计算非常重要，因此，RMSEA 的计算公式还可以写为：

$$\text{RMSEA} = \sqrt{\frac{\hat{\lambda}}{df_{\text{m}}(N-1)}} \qquad [5.12]$$

其中 $\hat{\lambda}$ 为非中心参数的样本估计。

RMSEA 是一个非常流行的拟合优度测量。部分原因在于研究者可以计算出 RMSEA 值的置信区间（confidence interval）。值得注意的是，在样本量很小的情况下（小于200），RMSEA 值会膨胀，因此在处理小样本数据时，被正确设定的模型也可能被拒绝（Curran et al.，2003）。研究者在根据模型拟合建议的阈值对小样本的模型进行判断时，要更加注意（Browne & Cudeck，1993；Chen et al.；2008）。且当样本量很小时，这种情况经常发生。

总之，如果我们报告（1—RMSEA），那么所有讨论过的拟合统计量均具有类似的解释：所得值越接近 1，模型拟合越好。传统上，我们认为，当拟合指数大于 0.9 表明模型拟合达标，大于 0.95 表明模型拟合相当好（Hu & Bentler，1999）。当然，这些推荐的截点具有一定主观性（参见 Browne & Cudeck，1993，尤其对于 RMSEA 的讨论），因此一个较好的方法是报告多个来自不同系列的拟合测量以判断模型拟合程度。例如，当模型的卡方检验不显著，且其他检验量均在 0.95 或以上，那么研究者可以自信地得出结论，模型与数据的拟合程度很好。另外一种情况是，当模型的卡方检验显著，而其他检验量位于 0.9 与 0.95 之间时，在报告模型拟合程度时就要格外谨慎。一般，我们建议报告各种检验统计量及其解释，从而读者可以对模型拟合程度是否足够自行做出判断。

至此,我们已经通过一些常用标准可以对模型拟合的质量进行评估。然而有时,在两个或者多个模型间比较更加有用。如果模型间是互相嵌套的,即,一个模型的所包含参数是另一个模型所包含参数的子集,那么就可以通过卡方检验进行比较。如果模型间并非嵌套,我们就要考虑其他方法。这种情况下,两个信息理论测量非常有用。其中一个是赤池信息量准则(AIC)(Akaike, 1974),其计算公式为:

$$\mathrm{AIC}=\chi_{\mathrm{m}}^{2}+2t$$

其中 t 为自由参数的数目。另一个是贝叶斯信息量准则(BIC)(Schwarz, 1978),其计算公式为:

$$\mathrm{BIC}=\chi_{\mathrm{m}}^{2}+t\log(N)$$

在比较不同竞争模型时,BIC 值可以用于近似贝叶斯因子(Raftery, 1995)。对于这两个测量,在进行模型比较时,我们均倾向于值较小的模型。另外,AIC 和 BIC 均包含对模型复杂性的惩罚,即,参数越多,惩罚越大,但是 BIC 对多参数的惩罚程度比 AIC 要大得多。

在一些情况下,另一个方法是消失的四分体测试(Bollen & Ting, 1993; 1998; 2000)。四分体一词意为四个随机变量,它测量了一对协方差的乘积与另一对协方差乘积的差异。模型结构常常暗示了一些总体四分体应该为 0,这就可通过消失的四分体测试来检验。该检验的零假设是 $\tau=0$,其中,τ 为一个向量,其所包含的向量元是若模型有效应该会消失的唯一四分体。拒绝零假设意味着模型有误,而无法拒绝零假设则意味着模型与数据间存在一致性。决定哪个隐含的四分体会消失需要利用现有软件并通过协方差代数或经验方法来判断(Hipp et al., 2005)。由于其中隐含的消失的四分体可能存在冗余,因此确定唯一四分体尤为必要。基于此,Hipp和Bollen(2003)提出了一个方法。

四分体检验还可以评估两个可消失四分体相互嵌套的模型。这在当一个模型的所有隐含的可消失四分体是另一个模型所有隐含的可消失四分体的子集时就会发生。两者差异服从卡方渐近分布,且自由度 df 等于两模型所含唯一消失四分体数目的差。尽管四分体检验既不直观也令人很难理解模型间四分体是否嵌套,仍旧有不少独立软件可以进行该检验(Hipp & Bauer, 2002; Hipp et al., 2005),甚至对于包含一个或多个两分或定序因变量也已经可以简单地运用该方法(Hipp & Bollen, 2003)。

至此,我们仅介绍了所有可能拟合统计量的一个小子集。有关其他方法,可参见Bollen(1986b), Kaplan(2009),或任何SEM课本。值得注意的是,对于拟合统计量运用的普遍共识认为,应该尽可能检验及报告多个测量,从而为模型拟合质量提供一个全面的认识。

第3节 | 工具变量质量评估

由于非递归系统估计的关键在于工具变量,那么对模型中工具变量(IV)的质量评估尤为重要。回顾IV的两个主要假设,(1)IV与误差项不相关,(2)IV与问题变量相关(IV是问题变量的重要预测变量)。其中,假设(1)阐明IV的有效性,可以通过检验过度识别限制进行评估,假设(2)可以通过弱工具变量检验进行评估。

评估工具变量有效性

大多研究者都有依靠IV识别模型的倾向。不容置疑,找到合适的工具变量确实可以令模型得以识别。然而,如果用来识别模型的限制无法满足,就会得到不一致且有偏的估计量。研究者因此必须对IV的有效性进行评估,即,所用IV与模型误差项不相关。

决定一个工具变量是否有效首先要通过理论来判定。在非递归模型中,研究者需要对为什么IV会影响问题变量且又与模型误差项不相关提供清晰细致的解释。工具变量不应该与模型因变量或任何可能影响因变量的遗漏变量(omitted variables)有直接关系。最好的情况是,利用先前的研究加强理论，例如，研究所用的工具变量在其他总体中被检验过。如果之前没有相关经验研究，研究者就需要通过强有力的先验理论论述证明所用工具变量的有效性。理论在仅有一个 IV 时尤为必要，此时，模型可以准确识别，从而不存在对过度识别限制的检验。本书第 2 章对现有研究中发现的 IV 进行了总结和讨论。

若研究者通过使用多于所需的工具变量对模型指定了过度识别限制，这时就可以对工具变量的合适性进行评估。有关 IV 的检验有很多，包括 Sargan(1958) 检验以及 Basmann(1960)检验，这些都是用来检验排除假设——IV 与误差项不相关。其背后的想法是如果 IV 与误差项不相关，那么它们就无法解释 2SLS 残差项的变异，这意味着用 2SLS 残差项对 IV 回归所得(非中心) R^2 为 0。如果不满足该过度识别限制表明至少有一个 IV 不满足排除假设，即，至少有一个 IV 与误差项相关。

Sargan(1958)检验是检验过度识别限制的常用测量之一，它可以在 Stata 中非常方便地执行[27]：

$$S = \frac{\hat{\zeta}'\mathbf{Z}(\mathbf{Z}'\mathbf{Z})^{-1}\mathbf{Z}'\hat{\zeta}}{\hat{\zeta}'\hat{\zeta}/N} \qquad [5.13]$$

其中 $\hat{\zeta}$ 为 2SLS 残差项的估计，$\mathbf{Z}$ 是包含所有 IV 的矩阵，N 为样本量。零假设为工具变量准确地从方程中排除，从而与误差项不相关。检验统计量为 NR^2，其中，R^2 是非中心的，且来自 2SLS 残差项对所有 IV(排除的及未排除的)的回归结果。[28]检验统计量服从卡方分布，其自由度与过度识别度相等。

简言之，执行 Sargan 检验，用来自 2SLS 的残差项对 IV

回归所得的非中心 R^2 与样本量 N 相乘，再对该值进行卡方检验即可。Sargan 检验在 Stata 中也可以通过 ivregress 命令（Baum、Schaffer & Stillman，2003）直接获得。零假设为工具变量有效，因此无法拒绝零假设表明工具变量有效。

Hansen 的 J 检验是 Sargan 检验的更一般版本，其通过广义矩估计估计量而不是 2SLS（Hansen，1982）。简言之，J 统计量通过由广义矩估计得到的样本矩偏差的平方加权得到。其在异方差及自相关情况下均具有一致性。在条件同方差下，Sargan 统计量和 Hansen 的 J 检验是等同的。而在异方差下，Hansen 的 J 统计量仍具一致性，而 Sargan 统计量则不然。

J 统计量服从自由度等于过度识别限制的卡方分布。与 Sargan 检验相同，该检验也可以在 Stata 中执行，只需在 ivregress 后键入 estat overid 命令即可。

另一个检验过分识别限制的测量为 Basmann（1960）检验，其与 Sargan 检验的原理相似，

$$B=\frac{(\hat{\zeta}'\mathbf{Z}(\mathbf{Z}'\mathbf{Z})^{-1}\mathbf{Z}'\hat{\zeta})/(L-K)}{(\hat{\zeta}'(I-\mathbf{Z}(\mathbf{Z}'\mathbf{Z})^{-1}\mathbf{Z}')\hat{\zeta})/(N-L)} \qquad [5.14]$$

其中，L 为工具变量的数目，K 为等式右边内生变量的数目，N 为样本量。Basmann 检验统计量服从 F 分布（$df=L-K$ 和 $N-L$），且与 Sargan 检验渐近相同（Baum et al.，2003）。F 检验显著表明至少有一个 IV 是与误差项相关。在 SAS 中执行该命令，在模型陈述中加入"overrid"选项即可。在 Stata 中，Basmann 检验在 ivregress 的后估计命令可以找到。

值得提及的是，这些检验需要方程可以过度识别，即，工具变量数多于问题变量数。在非递归模型中，工具变量数目

需大于方程中内生变量数。

更重要的是，这些检验均假设至少有一个有效工具变量。因此，尽管这些检验可以被用来评估工具变量的有效性，其最终是不可测的。研究总是基于部分理论——至少包含一个有效的工具变量。

基于蒙特卡罗模拟研究结果，两者在有限样本中具有不同的可取特征及表现，因此结果中最好同时报告 Basmann 和 Sargan 检验结果（Kirby & Bollen，2009；Magdalinos & Symeonides，1996）。在小样本（例如，小于 100）中，不论是 Sargan 检验还是 Basmann 检验均会拒绝过多设定正确的方程，但是 Sargan 检验的相对好些（Kirby & Bollen，2009）。

虽然这些检验可以被看作是检验工具变量与误差项的相关性，它们还可以被看作对模型设定的检验。这是因为如果一个方程无法通过过度识别限制检验，很可能不是方程本身导致的错误设定。相反，错误设定可能在其他方程中，该方程可能导致模型中的工具变量有所变化。简言之，当这些检验可以被看作检验 IV 的某个特性——有效性，它们也可看做是对模型设定的整体检验。

检验工具变量强度

IV 的第二个重要特征是它与内生或者问题变量相关。违背第一个假设——工具变量与误差项相关，会导致所得估计不具有一致性，然而违背第二个假设会使所得估计无效，从而增加有限样本的偏差。[29]这并不仅仅是有限信息方法的问题；不论估计过程如何，弱工具变量会令估计参数有偏，假设检验失真。从而，在非递归模型中评估工具变量的强弱尤为必要(Bound et al., 1995)。

在衡量工具变量的强弱时，我们先考虑第一阶段回归的解释方差 R^2 大小，第一阶段回归为内生变量对所有工具变量回归(排除的及未排除的)。考虑一种情况，即，在第一阶段回归可解释的方差非常小，这种情况下，用于第二阶段回归的预测值大多都是噪音，这是研究者在使用潜变量 SEM 软件程序时常常忽略的问题——工具变量的解释力。由于程序通常不提供有关第一阶段回归的信息。检验这些 R^2 为评估工具变量提供了有用的信息。

评估的中心问题实际上是识别工具变量在第一阶段方程中的偏方差，而不是所有工具变量所解释的方差。要理解其重要性，首先思考一个例子，假如我们简单地估计模型而不加入识别工具变量，若第一阶段方程的 R^2 为 0.5，那么 R^2 也为 0.5。当第一阶段方程的 R^2 与总的 R^2 没有分别时，问题就出现了。我们将通过全简化方程得到的预测值放入第二阶段方程以替代内生变量，此时，预测值是结构模型中的其他变量的简单线性组合，即，结构模型中的预测值与其他变量存在完美共线性。

现在考虑另一个例子，在第一阶段方程中的识别工具变量对内生变量影响很小。当我们在估计第一阶段方程时，会得到一个相对较小的 R^2，例如 0.500 2。这种小幅度增长的 R^2(0.500 2—0.50)意味着由第一阶段方程得到的预期值近乎为结构模型中其他变量的线性组合。当工具变量与内生变量相关性很低时，该预测值在第二阶段方程中与其他自变量高度相关，由于其统计低效性，预测值的标准误可能非常大。

如果工具变量可以解释第一阶段方程偏方差相当一部分比例,那么第一阶段方程的 R^2 可能有 0.6,那么 R^2 的增长为 0.1,此时的预测值与忽略工具变量所得的预测值则有相当的差异,这表示所用的 IV 较好。因此当加入识别工具变量后第一阶段回归的解释方差可以显著提高。[30]

大多数研究者包括 Bound 等人(1995),以及 Staiger 和 Stock(1997)常用偏 R^2 与相应的 F 统计量来检验 IV 的预测强度。步骤如下:

1. 估计不包含排除的工具变量的简化型模型:

$$y_1 = \mathbf{\Pi}_1^* \boldsymbol{X} + \zeta_1^{**}$$

其中 $\boldsymbol{X}$ 表示方程中所包含的工具变量。

2. 估计包含排除的工具变量的简化型模型,其中 $\mathbf{Z}$ 表示排除的工具变量,即,估计包含所有工具变量的简化型模型:

$$y_1 = \mathbf{\Pi}_1 \boldsymbol{X} + \mathbf{\Pi}_2 \mathbf{Z} + \zeta_1^*$$

3. 得到偏 R^2 以及相应的 F 统计量。

F 检验可以帮我们估计相对于 OLS,非递归模型的 2SLS 的有限样本偏差。如 Bound 等人(1995)所说,F 统计量接近 1 则要引起注意。Staiger 和 Stock(1997)也提到若识别工具变量的第一阶段 F 统计量小于 10(更多建议请见下文),则该工具变量较弱。观察各阶段方程的 R^2 对判断工具变量强弱也很有用。

若模型中包含多个内生变量,偏 R^2 量度必须考虑工具变量间的相关性(Shea, 1997)。在 Stata 中我们可以通过

ivregress 的后估计命令 estat firststage 得到相关统计量信息。

如何评估偏 R^2 及相关 F 统计量呢？如前所述，一个经验法则就是 F 统计量的值要大于 10。Stock 和 Yogo(2005)进一步延伸了该评估方法，提供了检验零假设的临界值。常用的检验弱工具变量的假设有：(1)2SLS 相对于 OLS 的偏差超过特定量(10%、15%、20%、25%)，(2)当报告的 2SLS 名义水平为 5%时，假设检验的真实显著性水平应该小于特定数值(10%、15%、20%、25%)。第一个假设处理 2SLS 的偏差水平的问题，第二个假设处理的是基于分析所得标准误大小进行统计推断的问题。拒绝假设意味着 2SLS 估计没有过度偏差，且统计推断有效。Stock 和 Yogo(2005)的部分临界值表可见表 5.1。完整表格请参见 Stock 和 Yogo(2005)。[31]

表 5.1 一个内生变量的临界值

工具变量数目	2SLS 相对 OLS 的最大偏差				5%名义水平下的实际显著性水平			
	0.05	0.10	0.20	0.30	0.10	0.15	0.20	0.25
1	—	—	—	—	16.38	8.96	6.66	5.53
2	—	—	—	—	19.93	11.59	8.75	7.25
3	13.91	9.08	6.46	5.39	22.30	12.83	9.54	7.80
4	16.85	10.27	6.71	5.34	24.58	13.96	10.26	8.31
5	18.37	10.83	6.77	5.25	26.87	15.09	10.98	8.84
10	20.74	11.49	6.61	4.86	38.54	20.88	14.78	11.65
15	21.23	11.51	6.42	4.63	50.39	26.80	18.72	14.60
20	21.38	11.45	6.28	4.48	62.30	32.77	22.70	17.60
30	21.42	11.32	6.09	4.29	86.17	44.78	30.72	23.65

数据来源：所有数值来自 Stock 和 Yogo(2005:100—101，表 5.1 和 5.2)。对于超过一个内生自变量的临界值，请参见 Stock 和 Yogo(2005)。

检验内生性

以上讨论提醒我们尽管考虑了潜在的模型内生性的估计量(即 2SLS、3SLS、ML)是一致的,具有非递归特征的模型估计量方差会增加。因此,如果研究者想要检验模型是否真的存在内生性问题就需要比 OLS 更复杂的模型设定。

Hausman 的内生性检验提供了一个检验内生变量是否真的存在内生性的方法。要阐述该检验,我们要回到方程 5.2 和 5.3 列出的简单非递归系统。两方程系统中的第一个方程是:

$$y_1 = \beta_{12} y_2 + \gamma_{11} x_1 + \zeta_1 \qquad [5.15]$$

其中,y_2 是内生变量,x_2 为在此方程中被排除的工具变量。

Hausman 检验是通过 y_2 对所有工具变量(被包含的和被排除的)进行回归得到。

$$y_2 = \Pi_{21} x_1 + \Pi_{22} x_2 + \zeta_2^* \qquad [5.16]$$

然后将残差项 $\hat{\zeta}_2$ 保留。

如果 y_2 是外生的,那么残差项 $\hat{\zeta}_2$ 应该与原始的结构误差 ζ_1 无关,这个我们可以通过用 ζ_1 对 $\hat{\zeta}_2$ 检验。

$$\zeta_1 = \rho_1 \hat{\zeta}_2 + e_1 \qquad [5.17]$$

其中,当 $\rho_1 = 0$ 时,y_2 为外生变量。

将 5.17 代入 5.15 有:

$$y_1 = \beta_{12} y_2 + \gamma_{11} x_1 + \rho_1 \hat{\zeta}_2 + e_1 \qquad [5.18]$$

ρ_1 的 t 检验，即，对零检验 $\rho_1=0$ 或者 y_2 为外生变量的检验。如果拒绝了零假设，在表明 y_2 是内生的，从而应该用 2SLS。[32]

Hausman 检验的有效性是基于模型设定的合理性。当存在弱工具变量时，内生性检验表现不佳（Hahn & Hausman，2002；Jeong & Yoon，2010；Staiger & Stock，1997）。因此，研究者常常面临一个非常具有讽刺性的挑战，即，在内生性存在的结论必须基于内生性假设设定合适的模型。若无法正确评估工具变量的质量则会导致错误的结论。[33]

第 4 节 | 实例:信任与协会会员

我们继续相互信任与自愿加入协会间相互关系的例子来研习本章学习的内容。首先讨论工具变量的有效性,然后对工具变量的强弱以及模型总体进行评估。回顾之前对相互信任与自愿组织的建模以表现其相互关系。其中一个模型为恰好识别模型,其每一个内生变量都通过一个工具变量识别,一个量度(教育)同时预测两个结果变量。另一个模型为过度识别模型,其每一个内生变量都通过两个工具变量进行识别,同样,以一个度量(教育)同时预测两个结果。

第一个模型的 2SLS 估计结果于表 5.2 中展示。只用一个识别工具变量,我们无法检验工具变量的有效性;因此,我们必须依赖第 2 章所提及的理论来证明我们所选择的工具变量。然而,我们可以评估工具变量强度以及进行内生性检验。第二个模型的结果显示在表 5.2 中最后一列。由于包含两个工具变量,该过度识别模型的设定允许我们对工具变量的有效性以及强度进行评估。

在 Stata 11 估计该过度识别模型,可通过如下命令:

表 5.2 恰好识别和过度识别的结果,2SLS

	恰好识别模型	过度识别模型
组织成员资格的结果		
相互信任	0.027 (0.309)	0.076 (0.275)
教育年限	0.184 (0.021)	0.168 (0.018)
看电视的时间	—	−0.066 (0.014)
有 6 岁以下儿童	−0.189 (0.060)	−0.178 (0.056)
截距	−0.405 (0.284)	−0.002 (0.230)
R^2	0.108	0.117
简化型方程的 R^2	0.070	0.077
偏 R^2	0.010	0.012
F 统计量	45.977	28.911
Sargan 检验	—	0.538
Basman 检验	—	0.538
以相互信任为结果		
协会会员	0.679 (0.179)	0.474 (0.090)
教育年限	−0.064 (0.034)	−0.025 (0.017)
过去一年经历过盗窃	−0.300 (0.075)	−0.298 (0.060)
16 岁时父母离异	—	−0.072 (0.032)
截距	−0.531 (0.118)	−0.605 (0.080)
R^2	—	—
简化型方程的 R^2	0.106	0.112
偏 R^2	0.004	0.011
F 统计量	19.580	25.456
Sargan 检验	—	2.150
Basman 检验	—	2.149

注:N=4 598。

```
* voluntary association equation
ivregress 2sls assoc ( intprtrst = burglary pardiv16) educ tvhours babies, first
* interpersonal trust equation
ivregress 2sls intprtrst(assoc = babies tvhours) educ burglary pardiv16, first
```

第一行命令以自愿组织为结果变量通过 ivregress 对结构模型进行了估计。2sls 命令告诉 Stata 使用该估计量。第二行命令以相互信任为结果变量。逗号后 first 告诉 Stata 报告第一阶段方程结果。

在模型估计之后,有很多后估计命令可以使用。estat firststage 命令可以报告第一阶段回归的统计量。如果模型中包含一个内生自变量,该命令会输出第一阶段方程的回归结果,偏 R^2 以及对排除工具变量的排除限制(exclusion restriction)的 F 检验。对于弱工具变量检验,它还会输出 Stock 和 Yogo 的临界值表的相应信息。如果存在多于一个内生变量,该命令还会报告 Shea 的偏 R^2 以及弱工具变量检验结果。

estat overid 命令会报告 Basmann(1960)以及过度识别限制的 Sargan(1958)卡方检验。

estat endogenous 命令报告两个 Hausman 型内生性检验:Durbin(1954)的内生性卡方检验以及 Wu-Hausman 的内生性 F 检验(Hausman, 1978; Wu, 1974)。Wu-Hausman F 检验所产生的 Hausman 检验结果可以延伸到模型含有多个内生变量的情况。Durbin 检验利用误差方差的一个替代估计量,相较之下,该估计量更加有效(请参见 Baum et al., 2003)。

回到表 5.2 的回归结果,第一阶段方程的 R^2 可作为衡量模型拟合优度一个概括性指标。在本例中,包含两个工具变量的过度识别模型第一阶段方程的 R^2 在以相互信任为结果变量时为 0.112,而在以自愿加入协会为结果变量时为 0.077。这些数值均为第一阶段方程工具变量被解释的程度提供了一些信息。在分析中,关键 R^2 即为第一阶段方程所产生的偏 R^2,相关内容接下来我们会继续讨论。

评估工具变量的有效性

在过度识别的例子中,检验结果表明相互信任方程的工具变量(是否有 6 岁以下的小孩以及看电视的时间)似乎合理:Sargan 检验结果表明,该方程包含一个自由度,卡方值为 2.15($p=0.14$),即,无法拒绝零假设——工具变量确实有效。Basmann 检验也显示了同样的结果。对于自愿组织方程,Sargan 检验结果表明,该方程包含一个自由度,卡方值为 0.538($p=0.46$),这也说明零假设无法被拒绝,即,工具变量有效。同样,Basmann 检验结果与 Sargan 检验一致。值得注意的是,这些检验均假设存在至少一个有效工具变量。

万一采用了一个不合理的工具变量怎么办?比如,这里用家庭户收入而不是是否被抢劫过作为工具变量。尽管家庭户收入会影响相互信任(在第一阶段方程中该量度的系数为正),基于理论,家庭户收入对是否成为会员也存在影响。这点通过 Basmann 以及 Sargan 检验容易发现(包含一个自由度,卡方值分别为 22.7 和 22.8),结果表明至少有一个工具变量无效。该回归结果在表 5.3 第二列呈现。值得注意的是,相互信任的影响在该误设方程中存在很大的正向影响。另外，该方程中其他系数的估计也受到了影响，且有些所受影响不容忽视。从该练习可以看出，工具变量的合理性非常重要。[34]

如果想解决异方差以及(或者)自相关性问题，在 Stata 中我们需用到 GMM 估计量，该估计量可以提供 Hansen 的 J 检验。在过度识别模型中，Hansen 的 J 检验几乎与 Sargan 或 Basmann 检验相同，对于自愿组织方程，估计量值为 0.55(p=0.46)，相应地，对于相互信任方程，估计量值为 2.34(p=0.13)。

表 5.3 比较含有不合理工具变量，过度识别模型的结果，2SLS

	用经历盗窃和父母离异作为 IV	用经历盗窃和真实收入作为 IV
组织成员资格的结果		
相互信任	0.076 (0.275)	1.164 (0.241)
教育年限	0.168 (0.018)	0.106 (0.017)
看电视时间	−0.066 (0.014)	−0.037 (0.015)
有 6 岁以下儿童	−0.178 (0.056)	−0.035 (0.057)
截距	−0.002 (0.230)	0.760 (0.218)
Sargan 检验	0.538	22.747
Basmann 检验	0.538	22.830

注：N=4 598。

工具变量强度

评估工具变量的强度可以通过估计包含或不包含被排除的工具变量的简化型方程得到(Bound et al.，1995；

Staiger & Stock, 1997)。例如,在自愿组织方程中,第一阶段方程的估计可以通过相互信任对教育、看电视时间和是否有小孩进行回归(因此,没有一个排他的工具变量包括在内)。对于包含了单个识别工具变量的模型,这一方程可以通过加入盗窃变量作为预测变量进行重新估计:这一工具变量的偏 R^2 是 0.011。对两个方程的差异进行 F 检验,如 Staiger 和 Stock(1997)所强调的,这一检验得出识别工具变量解释了第一阶段方程方差的大部分,因为 F 检验值 45.98 (df=14 594)显示了高度显著的提升(p<0.000 1)。对于有两个识别工具变量的模型,这些工具变量的偏 R^2 是 0.012,F 检验(28.91, df=24 592, p<0.000 1)显示我们没有弱工具变量的问题。

我们需要比较 F 统计量与 Stock 和 Yogo 的临界值。在少于三个工具变量的情形下,相对偏误的评估不太可能。但是假设检验的真实显著性的评估可以进行。对于准确识别(单工具变量的)方程,当名义 Wald 检验为 5%时,如果我们想接受仅仅 10%的拒绝率(或以下),那么临界值为 16.38。[35] 因为获得的 F 检验值为 45.98,我们拒绝了弱工具变量的原假设。相似地,对于过度识别(两工具变量)模型,我们获得了 19.93 的临界值。F 检验值为 28.91,因此我们拒绝了弱工具变量的原假设。

在具有一个识别工具变量的相互信任方程,偏 R^2 是 0.004,并且 F 检验(19.58, df=14 594, p<0.000 1)显示第一阶段方程的拟合度具有了显著的提升。对于有两个识别工具变量的方程,偏 R^2 是 0.01,相关的 F 统计量是显著的(25.46, df=24 594, p<0.000 1)。再次,如果只有一个或

两个工具变量，相对偏误的检验是不可能的。如前所述，对于准确识别的方程，当名义 Wald 检验为5%时，如果我们接受仅仅10%的拒绝率（或以下），那么临界值是16.38。F统计值为19.58，并没有通过临界值。对于过度识别的信任方程，F检验值为25.46，通过了19.93的临界值。在弱工具变量存在的情形下，研究者应当考虑估计和检验的替代方法（Anderson & Rubin，1949；Andrews，Moreira & Stock，2006；Andrews & Stock，2007；Fuller，1977；Hahn，Hausman & Kuersteiner，2004；Moreira，2003；参见 Murray，2006a 的一些综述）。

评估内生性

我们可以通过执行 Hausman 内生性检验评估2SLS是否可行。Stata 提供了 Hausman 检验的两种方法，并且得出了相同的结论。在过度识别的相互信任方程中，Durbin 卡方检验（41.57，$p=0.000$）和 Wu-Hausman 的F检验（41.90，$p=0.000$）都拒绝了外生变量的零假设。相反，过度识别的自愿组织方程中，两个检验都是不显著的（Durbin：0.14，$p=0.70$；Wu-Hausman：0.14，$p=0.70$），显示出这些变量被处理为外生变量。作为一个验前估计量，这些结果需要谨慎地解释（Guggenberger，2010）。

评估总体模型拟合度

对于过度识别模型，我们可以在潜变量 SEM 模型下使用拟合优度统计量的范围评估总体模型拟合度。显著的卡方检验统计值拒绝了数据和模型的完美结合,因此构成了模型拟合度较差的指标。我们的过度识别例子的模型的卡方检验值为2.56,自由度为2(p=0.28)。不显著的结果显示比较好的模型拟合度。IFI和其他的增量测量越接近1.0,模型拟合度越好。一般而言,大于0.90是可以接受的,并且大于0.95是理想的。示例模型的IFI的值为1.0,意味着很好的模型拟合度。增量适配中的其他拟合测量也支持了这一观点:NFI为1.0,TLI为0.998。GFI和AGFI分别为0.999和0.998也显示出很好的模型拟合度。低于0.05的RMSEA值一般被认为是理想的拟合(Browne & Cudeck, 1993)。信任/组织模型的RMSEA点估计为0.008, 90%的置信区间(0—0.03)也落在了0.05之下。

第5节 | 总结和最优方法

对于非递归模型，研究者应该关注三个领域：(1)评估各单个方程的成分拟合度，(2)评估总体模型拟合度，(3)评估工具变量的质量。这对非递归模型中工具变量的假设有重要的影响。违反了第一个假设——工具变量和干扰项无关——会导致不一致的估计值。违反第二个假设——工具变量和内生变量相关——会导致无效的估计值以及增加样本偏误。

非递归模型因此仅仅和它的工具变量一样好，并且尽管往往被过分夸大，但是测量这些工具变量的质量也是这些模型中的重要部分。无论从实用角度还是实际操作角度来看，研究者可以将大量精力投入选择工具变量上，然后将它们纳入到实证模型之中。首先，在排他工具变量应当具有很强理论逻辑这件事上，研究者不应过分夸大。基于对其他人口群体的研究，尽管我们应当谨慎为之，但是我们很可能找到对工具变量的支持。一定程度的简约总是好的，也就是说研究者应该使用更少而非更多的排他工具变量。然而，值得注意的是，对于大样本而言，假定工具变量都是有效的，多工具变量能提高效率。但是无论如何，寻找在实证角度和结果变量无关(即，不相关)的变量并不是好主意。

研究者应当仔细权衡包含在模型中的工具变量数量的利弊。例如,如果有工具变量不能包含在模型之中,也许它们可以通过使用每一个工具变量和比较结果来估计不同的模型(这一方法的例子参见 Hoxby, 1996)。使用不同工具变量带来相似的结果会使我们的发现更加确定。另一方面,如果结果存在明显的不同,我们需要对至少一个工具变量的质量加以关注。

本章除通过采取一系列的实证检验去评估工具变量的质量之外,我们强调了对于工具变量的强理论逻辑的重要性。最后,尽管许多的研究在根本上检验了研究者感兴趣的模型,社会科学研究中另一种可能的理论和实证方法是检验竞争模型。竞争模型的检验同样是一个被经常使用的方法。

第6章

模型解释

在这一章,我们讨论如何解释模型结果。理解一个变量对另一个变量的影响在联立方程模型中要比线性回归模型更为复杂。联立方程模型不仅仅关注直接效应,还常常暗含间接效应。回顾一下,直接效应是指一个变量不通过模型中其他变量的中介作用直接对另一个变量产生的影响。间接效应是指一个变量通过至少一个其他变量对另一个变量产生的影响。在非递归方程系统中,更为复杂的情形出现了,因为反馈效应必须被指出。

在本章,我们将呈现如何在递归和非递归方程模型中计算和评估效应。我们将集中关注非递归方程系统的乘数效应,因此我们的讨论开始于介绍变量之间总体关联的因果效应和非因果相关关系。然后我们展现如何计算简单和复杂模型中的间接和总体效应。在对中介效应以及它与间接效应之间的关系进行简要讨论后,我们将讨论计算间接效应的标准误的各种方法。本章的最后会给出间接效应的标准误的编程代码。

第1节 | 变量之间的总体关联：因果效应和非因果关联

任何两个变量之间的总体关联可以被划分为两个类别：因果效应和非因果关联。尽管研究者更乐于解释模型的因果效应——变量之间直接的、间接的和总体效应——但这些仅仅代表了变量之间总体关联的一部分。非因果关联同样是变量之间总体关联的一部分，或是由于外生变量之间某些无法分析的关联，或是由于两个变量对于一个单个变量或几个相关变量的联合依赖，非因果关联往往以协方差的形式呈现出来。

为了理解总体关联、因果效应和非因果关联，有必要回到协方差代数式上。考虑图6.1展现的递归模型。

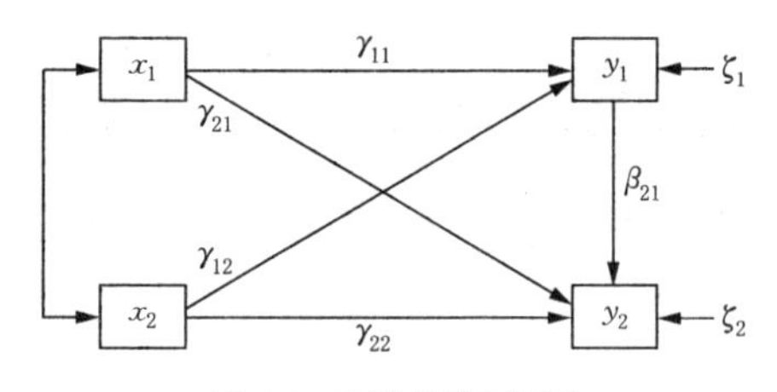

图 6.1 简单的递归模型

协方差代数式帮助我们理解 x_1 和 y_1 之间的总体关联：

$$COV(x_1, y_1) = \gamma_{11} VAR(x_1) + \gamma_{12} COV(x_1, x_2) \quad [6.1]$$

x_1 和 y_1 之间关联的一部分是因果的,以 γ_{11} 表示。它的另一部分是非因果的,因为 x_1 与另一个原因 x_2 之间存在关系,如图 6.2 粗线所示。

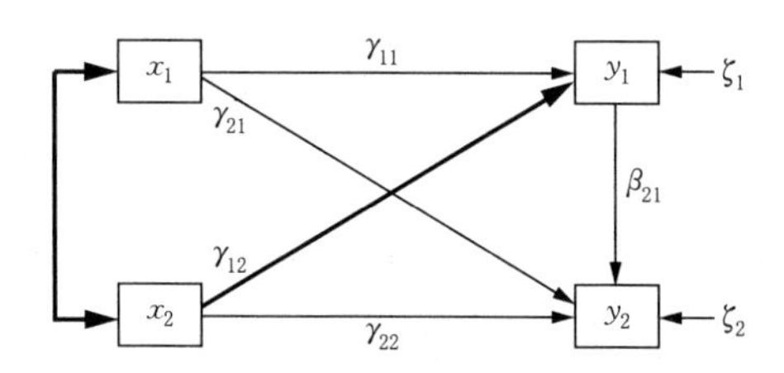

图 6.2 x_1 和 y_1 之间的非因果关联

下面考虑 x_1 和 y_2 之间的协方差:

$$COV(x_1, y_2) = \beta_{21}\gamma_{11} VAR(x_1) + \beta_{21}\gamma_{12} COV(x_1, x_2) + \gamma_{21} VAR(x_1) + \gamma_{22} COV(x_1, x_2) \quad [6.2]$$

这个协方差包含四个部分:(1) x_1 对 y_2 的直接效应,即 $\gamma_{21} VAR(x_1)$,(2)x_1 通过 y_1 对 y_2 的间接效应,即 $\beta_{21}\gamma_{11} VAR(x_1)$,(3) 由 x_1 和 x_2 之间的协方差和 x_2 对 y_1 的直接效应带来的非因果关联,即 $\gamma_{22} COV(x_1, x_2)$,(4) 由 x_1 和 x_2 之间的协方差和 x_2 对 y_2 的间接效应带来的非因果关联,即 $\beta_{21}\gamma_{12} COV(x_1, x_2)$。最后一种非因果关联如图 6.3 粗线所述。

两个内生变量(在这个例子中是 y_1 和 y_2)之间的总体关联可以通过计算得出。在这个例子中,y_1 和 y_2 存在另外两

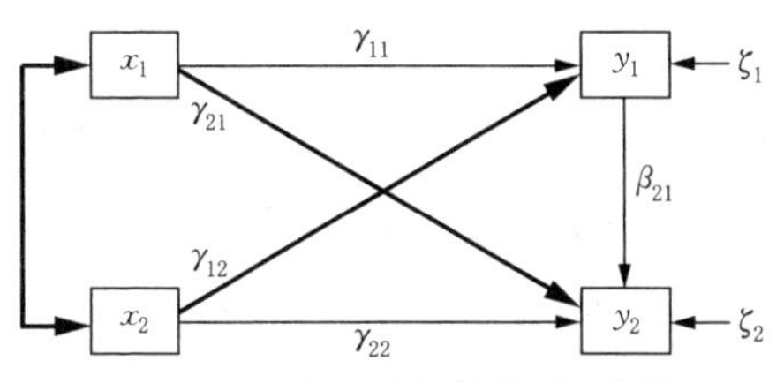

图 6.3 x_1 和 y_2 之间的非因果关联

种非因果关联的方式。首先，y_1 和 y_2 之间关联的一部分是由于共同原因的存在，尤其是 x_1 的效应，即 $\gamma_{11}\gamma_{21}\text{VAR}(x_1)$ 和 x_2 的效应，即 $\gamma_{12}\gamma_{22}\text{VAR}(x_2)$。 y_1 和 y_2 之间通过共同的原因 x_1 的协方差如图 6.4 所示。

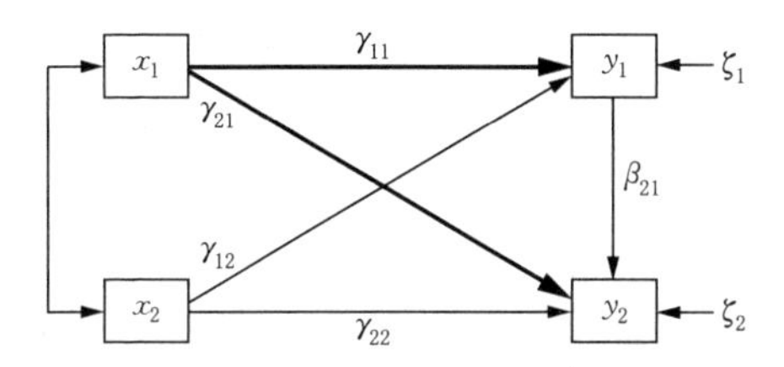

图 6.4 y_1 和 y_2 由于共同原因 x_1 的非因果关联

y_1 和 y_2 之间总体关联的另一部分归咎于对相关原因的共同依赖。两个外生变量 x_1 和 x_2 分别对 y_2 和 y_1 有影响，并且它们之间的关联导致了两个内生变量之间额外的非因果关联：$\gamma_{12}\gamma_{21}\text{COV}(x_1, x_2)$ 和 $\gamma_{11}\gamma_{22}\text{COV}(x_1, x_2)$。图 6.5 用路径图解释了前一个关联。

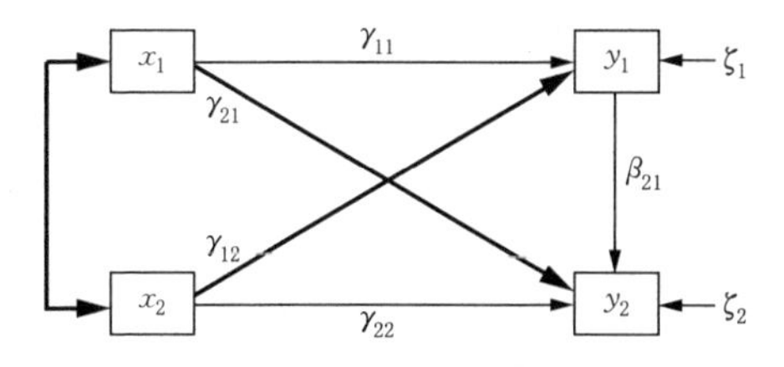

图 6.5 y_1 和 y_2 由于相关原因的非因果关联

一个变量对另一个变量的总体效应因此和两个变量之间的总体关联是不同的。总体效应意味着假定的因果效应，并且由直接效应和间接效应构成。两个变量之间的总体关联既包括这些因果效应，也包括模型中任何非因果关联。

第2节　理解非递归模型中的乘数效应

对于非递归模型，理解一个变量对另一个的影响会因为需要考虑内生变量之间的相互关系而变得复杂。考虑图6.6中的非递归模型。

协方差代数式提供了 x_1 和 y_1 之间的关联：

$$\begin{aligned}\mathrm{COV}(x_1, y_1) &= \frac{1}{1-\beta_{12}\beta_{21}}[\gamma_{11}\mathrm{VAR}(x_1) \\ &\quad + \beta_{12}\gamma_{22}\mathrm{COV}(x_1, x_2)] \\ &= \frac{1}{1-\beta_{12}\beta_{21}}[\gamma_{11}\mathrm{VAR}(x_1)] \\ &\quad + \frac{1}{1-\beta_{12}\beta_{21}}[\beta_{12}\gamma_{22}\mathrm{COV}(x_1, x_2)]\end{aligned} \quad [6.3]$$

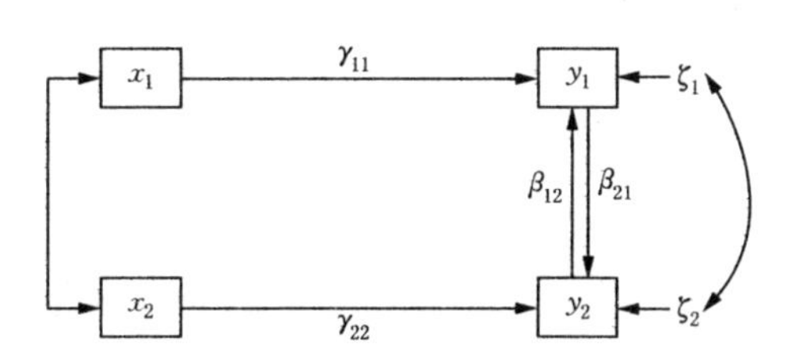

图6.6　一个简单的非递归模型

观察 x_1 和 y_1 之间的协方差，我们立刻可以看到每个路径都会乘以 $\beta_{21}/(1-\beta_{12}\beta_{21})$。这个乘数代表了 y_1 和 y_2 之间的相互关系。

为了理解这一乘数，我们来看图 6.6 中所示的非递归模型，y_1 每增加一个单位都会对自身有影响。例如，我们假设 $\beta_{21}=0.6$ 并且 $\beta_{12}=0.5$，y_1 每增加一个单位会对 y_1 产生 $(1)(0.6)(0.5)$，即 0.3 的影响。现在考虑 y_1 增加 0.3，这一增加会通过反馈环，对其自身带来 $(0.3)(0.6)(0.5)$，即 0.09 的影响。然后这一影响会通过反馈环对 y_1 产生越来越小的影响。

现在考虑 y_1 对 y_2 影响的一种更为典型的形式。如果 y_1 增加一个单位，那么对 y_2 的影响是：

$$\Delta y_2=\beta_{21}+\beta_{21}(\beta_{12}\beta_{21})+\beta_{21}(\beta_{12}\beta_{21})^2+\beta_{21}(\beta_{12}\beta_{21})^3+\cdots \tag{6.4}$$

这一无限序列的收敛是：

$$=\frac{\beta_{21}}{1-\beta_{12}\beta_{21}} \text{ 当 } |\beta_{12}\beta_{21}|<1 \tag{6.5}$$

因此 y_1 对 y_2 的总体效应是 $\beta_{21}/(1-\beta_{12}\beta_{21})$。

再次，$1/(1-\beta_{12}\beta_{21})$ 可以被视为乘数，是因为具有相互关系的变量的任何影响都必须通过乘数进行调整。

我们回到上面方程 6.3 中 x_1 和 y_1 之间的协方差，x_1 和 y_1 之间的关联由两部分构成：$\gamma_{11}\mathrm{VAR}(x_1)$ 乘以乘数 $1/(1-\beta_{12}\beta_{21})$ 得到的直接影响，以及 x_1 和 x_2 的协方差和 x_2 通过 y_2 对 y_1 的间接影响，即 $\beta_{12}\gamma_{22}\mathrm{COV}(x_1, x_2)$，同样乘以 $1/(1-\beta_{12}\beta_{21})$ 得到的非因果关联。

第3节 | 计算直接、间接和总体效应

研究者往往对一个变量对另一个变量的直接、间接和总体效应具有浓厚的兴趣。对于简单的递归模型，找到直接、间接和总体效应最简单的方法是通过在路径图中追踪路径。观察图6.1，假设我们对 x_1 对 y_2 的影响感兴趣。那么 x_1 的直接影响即相关系数 γ_{21}。

当讨论 x_1 对 y_2 的影响时，研究者很少对仅仅解释相关系数 γ_{21} 感兴趣，他或她也会讨论通过 y_1 的间接影响。这种间接影响可以通过计算 γ_{11} 乘以 β_{21} 得出。得出的结果是 x_1 通过 y_1 的中介作用对 y_2 的影响。然而，更复杂的模型可能需要加入 x_1 对 y_2 的额外间接途径。

除了解释 x_1 对 y_2 的直接或间接影响，研究者也会报告总体效应。总体效应是直接和间接效应的简单相加。并且，由于它描述了 x_1 每增加一个单位，y_2 平均的变化幅度，因此它也有着实际的意义。在一些情形下，研究者或政策制定者可能对导致 y_2 变化的直接或间接效应不太感兴趣，反而对 y_2 的总体效应更为重视。

在讨论复杂的递归模型和非递归模型时，追踪路径是获得直接、间接和总体效应的不完美的策略。在存在相互影响或反馈环的前提下，将上面的思想应用其中，我们知道直接、

间接和总体效应的获得需要通过乘数大体修正。因为这一原因,有其他更为精确的方法以计算直接和间接效应。

获得直接、间接和总体效应最准确的方法是基于参数估计矩阵的计算(Fox, 1980; Sobel, 1988)。考虑下面的例子:

$$\mathbf{y} = \mathbf{B}\mathbf{y} + \mathbf{\Gamma}\mathbf{x} + \boldsymbol{\zeta}$$

直接效应可以直接通过联立方程模型的一般矩阵表达式获得:

$$\mathbf{D}_{yy} = \mathbf{B} \qquad [6.6]$$

这一表达式给出了内生变量对内生变量的直接影响,而

$$\mathbf{D}_{yx} = \mathbf{\Gamma} \qquad [6.7]$$

这一表达式给出了外生变量对内生变量的直接影响。

间接影响用矩阵表达式 **N** 表示,是大于等于两个变量长度的所有路径的总和。对于一个递归模型,内生变量之间的间接影响因此可以表示为:

$$\mathbf{N}_{yy} = \sum_{i=2}^{p-1} \mathbf{B}^{i} = \mathbf{B}^{2} + \mathbf{B}^{3} + \cdots + \mathbf{B}^{p-1} \qquad [6.8]$$

其中 p 是内生变量的数量,$\mathbf{B}^2 = \mathbf{B}\mathbf{B}$。这一表达式并没有包括 **B**,即直接效应的矩阵,但是取代的是所有 **B** 的高阶矩阵。

外生变量对内生变量的间接影响可以用下面的式子表示:

$$\mathbf{N}_{yx} = \left(\sum_{i=1}^{p-1} \mathbf{B}^{i}\right)\mathbf{\Gamma} = (\mathbf{B}^{1} + \mathbf{B}^{2} + \cdots + \mathbf{B}^{p-1})\mathbf{\Gamma} \qquad [6.9]$$

对于一个递归模型,利用这些矩阵的幂,我们很容易就能得出间接效应。递归模型的总体效应可以通过将直接效应加入方程 6.8 和 6.9 得出:

$$\mathbf{T}_{yy}=\sum_{i=1}^{p-1}\mathbf{B}^{i}=\mathbf{B}+\mathbf{B}^{2}+\mathbf{B}^{3}+\cdots+\mathbf{B}^{p-1} \qquad [6.10]$$

$$\mathbf{T}_{yx}=(\sum_{i=0}^{p-1}\mathbf{B}^{i})\mathbf{\Gamma}=\mathbf{\Gamma}+\mathbf{B\Gamma}+\mathbf{B}^{2}\mathbf{\Gamma}+\cdots+\mathbf{B}^{p-1}\mathbf{\Gamma} \qquad [6.11]$$

对于一个递归模型,如果没有反馈环,通过间接或总体效应获得的影响可以完全通过方程6.8、6.9、6.10和6.11追踪出来。但是非递归模型会更复杂。因为这一模型意味着由于反馈环或相互关系的存在,存在无穷的影响链(chain of influence)。

$$\mathbf{T}_{yy}=\sum_{i=1}^{\infty}\mathbf{B}^{i} \qquad [6.12]$$

因此,随着 $i\rightarrow\infty$, $\mathbf{B}^{i}$ 必然收敛于零以求得总体效应。否则,系统就不会得到均衡,并且直接和间接效应不能被描述出来。收敛要求 $\mathbf{B}$ 的最大特征值的绝对值要小于1(Bentler & Freeman, 1983)。[36]在包含一个反馈环的模型的简单情形下,如果 $|\beta_{12}\beta_{21}|<1$,那么收敛就会发生。如果 $|\beta_{12}\beta_{21}|>1$,那么总体和间接影响不能被确定(Bollen, 1987)。

简言之,对于非递归模型而言,计算间接和总体效应最合适的方法如下所示:

$$\mathbf{D}_{yy}=\mathbf{B} \qquad [6.13]$$

$$\mathbf{D}_{yx}=\mathbf{\Gamma} \qquad [6.14]$$

$$\mathbf{N}_{yy}=(\mathbf{I}-\mathbf{B})^{-1}-\mathbf{I}-\mathbf{B} \qquad [6.15]$$

$$\mathbf{N}_{yx}=(\mathbf{I}-\mathbf{B})^{-1}\mathbf{\Gamma}-\mathbf{\Gamma} \qquad [6.16]$$

$$\mathbf{T}_{yy}=(\mathbf{I}-\mathbf{B})^{-1}-\mathbf{I} \qquad [6.17]$$

$$\mathbf{T}_{yx}=(\mathbf{I}-\mathbf{B})^{-1}\mathbf{\Gamma} \qquad [6.18]$$

第4节 | 收敛和均衡

如前所述,研究者只应当研究和解释处于均衡的方程系统——通过方程6.13、6.14、6.15、6.16和6.17收敛的方程系统。为了直观上理解这一均衡,我们考虑两个不同的情景(Heise, 1975)。具有扩大关系的系统呈现出两个变量的正/正关系。如果这一放大是均衡的,那么正向反馈环的效应会以递减的趋势不断增加,以至于两个变量中某一变量发生变化依然可以得出能够测量出的间接或总体效应。一个处于均衡的放大关系的例子是销量和广告之间的关系。一个不稳定的放大系统意味着在每个环增加时,整体的环一直增加直至中止。

第二种情形是控制情形,意味着两个变量之间的正/负关系。在一个控制系统中,如果变量1增加,那么变量2减小。随着变量2的减小引起变量1减小,最终变量2会增加。如果控制关系是均衡的,那么两个变量的取值应当在某一范围内。一个处于均衡的控制系统的例子是犯罪和法律实施(Cornwell & Trumbull, 1994)。再次,不稳定仍然是可能的。一个不稳定的控制系统意味着不断增大的振幅。

第5节　计算直接、间接和总体效应：递归的例子

考虑下面的递归模型。它是来自 Blau 和 Duncan(1967)的经典分层模型。模型描述了父亲教育和职业的外生变量对受访者教育、初职工作以及现在职业的影响(计算这些直接、间接和总体效应的完整描述可以参见 Fox，1980)。我们得到：

$$\mathbf{y}=\mathbf{B}\mathbf{y}+\mathbf{\Gamma}\mathbf{x}+\zeta$$

其中

$$\mathbf{\Gamma}=\begin{bmatrix}0.31 & 0.279\\ 0 & 0.224\\ 0 & 0.115\end{bmatrix}$$

和

$$\mathbf{B}=\begin{bmatrix}0 & 0 & 0\\ 0.44 & 0 & 0\\ 0.394 & 0.281 & 0\end{bmatrix}$$

从两个矩阵，我们可以直接得到直接效应。相关系数矩阵 $\mathbf{\Gamma}$ 包含了外生变量对内生变量的影响。例如，父亲的职业

(x_2)对受访者的职业(y_2)有 0.224 单位的影响,如 $\mathbf{\Gamma}$ 矩阵中的 γ_{22} 所示。描述一个内生变量对另一个内生变量影响的相关系数可以总结为相关系数矩阵 $\mathbf{B}$。

我们可以用公式 6.8 或 6.15 来计算内生变量对内生变量的间接影响。例如,使用公式 6.8,我们得到

$$\mathbf{N}_{yy}=\sum_{i=2}^{p-1}\mathbf{B}^{i}$$

其中 $p-1=2$,因为这里包括了三个方程:

$$\mathbf{N}_{yy}=\begin{bmatrix}0 & 0 & 0\\ 0.44 & 0 & 0\\ 0.394 & 0.281 & 0\end{bmatrix}\begin{bmatrix}0 & 0 & 0\\ 0.44 & 0 & 0\\ 0.394 & 0.281 & 0\end{bmatrix}$$

$$=\begin{bmatrix}0 & 0 & 0\\ 0 & 0 & 0\\ 0.124 & 0 & 0\end{bmatrix}$$

外生变量对内生变量的间接效应的计算如下:

$$\mathbf{N}_{yx}=(\sum_{i=1}^{2}\mathbf{B}^{i})\mathbf{\Gamma}=(\mathbf{B}^{1}+\mathbf{B}^{2})\mathbf{\Gamma}=\mathbf{B}^{1}\mathbf{\Gamma}+\mathbf{B}^{2}\mathbf{\Gamma}$$

$$=\begin{bmatrix}0 & 0 & 0\\ 0.44 & 0 & 0\\ 0.394 & 0.281 & 0\end{bmatrix}\begin{bmatrix}0.31 & 0.279\\ 0 & 0.224\\ 0 & 0.115\end{bmatrix}$$

$$+\begin{bmatrix}0 & 0 & 0\\ 0 & 0 & 0\\ 0.124 & 0 & 0\end{bmatrix}\begin{bmatrix}0.31 & 0.279\\ 0 & 0.224\\ 0 & 0.115\end{bmatrix}$$

$$=\begin{bmatrix}0 & 0\\ 0.136 & 0.123\\ 0.161 & 0.207\end{bmatrix}$$

因此，例如，父亲的职业(x_2)对受访者的职业(y_2)的间接影响为 0.123。

扩展开来，外生变量对内生变量的总体效应是

$$\mathbf{T}_{yx} = \mathbf{D}_{yx} + \mathbf{N}_{yx} = \begin{bmatrix} 0.31 & 0.279 \\ 0 & 0.224 \\ 0 & 0.115 \end{bmatrix} + \begin{bmatrix} 0 & 0 \\ 0.136 & 0.123 \\ 0.161 & 0.207 \end{bmatrix}$$

$$= \begin{bmatrix} 0.310 & 0.279 \\ 0.136 & 0.347 \\ 0.161 & 0.322 \end{bmatrix}$$

父亲职业对受访者职业的总体影响是 0.347 个单位，如总体效应矩阵 $\mathbf{T}_{yx}$ 所示。对于内生变量对内生变量的影响，总体效应是

$$\mathbf{T}_{yy} = \mathbf{D}_{yy} + \mathbf{N}_{yy} = \begin{bmatrix} 0 & 0 & 0 \\ 0.44 & 0 & 0 \\ 0.394 & 0.281 & 0 \end{bmatrix} + \begin{bmatrix} 0 & 0 & 0 \\ 0 & 0 & 0 \\ 0.124 & 0 & 0 \end{bmatrix}$$

$$= \begin{bmatrix} 0 & 0 & 0 \\ 0.44 & 0 & 0 \\ 0.518 & 0.281 & 0 \end{bmatrix}$$

第6节 | 计算直接、间接和总体效应：非递归的例子

考虑下面的非递归模型，这是来自 Duncan，Haller 和 Portes(1968)的分层研究。这一研究关注父亲的教育和职业对受访者的教育程度和初职状态的影响。我们有：

$$\mathbf{y} = \mathbf{B}\mathbf{y} + \mathbf{\Gamma}\mathbf{x} + \zeta$$

其中

$$\mathbf{\Gamma} = \begin{bmatrix} 0.27 & 0.15 & 0 & 0 \\ 0 & 0 & 0.16 & 0.35 \end{bmatrix}$$

并且

$$\mathbf{B} = \begin{bmatrix} 0 & 0.40 \\ 0.34 & 0 \end{bmatrix}$$

再次，直接效应可以从矩阵 **B** 和 **Γ** 得出。计算间接效应要求我们使用方程 6.15 和 6.16。

$$\mathbf{N}_{yy} = (\mathbf{I} - \mathbf{B})^{-1} - \mathbf{I} - \mathbf{B}$$

$$= \begin{bmatrix} 0 & 0.40 \\ 0.34 & 0 \end{bmatrix}^{-1} - \begin{bmatrix} 1 & 0 \\ 0 & 1 \end{bmatrix} - \begin{bmatrix} 0 & 0.40 \\ 0.34 & 0 \end{bmatrix}$$

$$= \begin{bmatrix} 1.16 & 0.46 \\ 0.40 & 1.16 \end{bmatrix} - \begin{bmatrix} 1 & 0 \\ 0 & 1 \end{bmatrix} - \begin{bmatrix} 0 & 0.40 \\ 0.34 & 0 \end{bmatrix}$$

$$= \begin{bmatrix} 0.16 & 0.065 \\ 0.055 & 0.16 \end{bmatrix}$$

从 $\mathbf{N}_{yy}$ 可以看出，内生变量对他们自身有间接效应。

$$\mathbf{N}_{yx} = (\mathbf{I} - \mathbf{B})^{-1}\mathbf{\Gamma} - \mathbf{\Gamma}$$

$$= \begin{bmatrix} 1.16 & 0.46 \\ 0.40 & 1.16 \end{bmatrix} - \begin{bmatrix} 0.27 & 0.15 & 0 & 0 \\ 0 & 0 & 0.16 & 0.35 \end{bmatrix}$$

$$- \begin{bmatrix} 0.27 & 0.15 & 0 & 0 \\ 0 & 0 & 0.16 & 0.35 \end{bmatrix}$$

$$= \begin{bmatrix} 0.04 & 0.02 & 0.073 & 0.17 \\ 0.11 & 0.06 & 0.03 & 0.06 \end{bmatrix}$$

这个例子中的总体效应既可以通过使用方程 6.17 和 6.18 也可以通过增加直接和间接效应算出。

第7节 | 解释理论驱动的指定间接效应

前面述及的方法使得我们可以计算指定内生变量的间接和总体效应。然而,考虑到理论的原因,研究者可能对获得指定间接效应感兴趣。至少有三种通过一个特定变量或变量组传递出的效应类型(Bollen, 1987:50—52):(1)排他指定效应(exclusive-specific effects),(2)增值指定效应(incremental-specific effects),(3)容纳指定效应(inclusive-specific effects)。每种类型的效应阐述了模型内的一个中介变量如何作用。排他指定效应仅仅关注了一个变量通过一个中介变量对另一个变量作用的单一直接路径(Greene, 1977)。增值指定效应关注一个相关变量和其他变量作为中介的影响(Alwin & Hauser, 1975)。容纳指定效应是指通过一个中介变量作用的所有组成路径(Fox, 1980)。

为了增进理解这些效应之间的区别,考虑图6.7,一个包含三个外生变量(x_1, x_2 和 x_3)和三个内生变量(y_1, y_2 和 y_3)的六变量模型。

假设我们理论上对 x_1 通过 y_2 对 y_3 发生作用的间接影响感兴趣。排他指定效应仅仅关注通过连接 x_1 和 y_3 的中介变量 y_2 的单一路径,得出的排他指定效应 $\gamma_{21}\beta_{32}$。排他指定

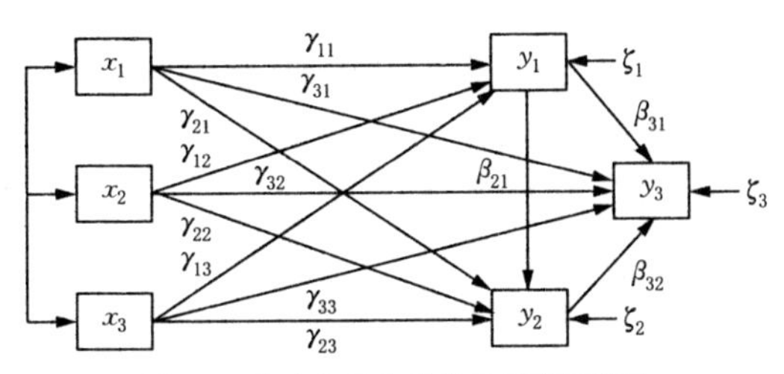

图 6.7 包含多元间接效应的递归模型

效应摒弃了通过除了 y_2 的其他变量 x_1 对 y_3 的影响(例如 x_1 到 y_1 到 y_2 到 y_3)。为了得出增值指定效应,研究者首先需要指出 x_1 到 y_2 的路径,然后得出能够达到 y_3 的所有可能路径。在这个例子中, y_2 和 y_3 之间仅仅存在一种路径,即 β_{32},所以增值指定效应等同于排他指定效应 $\gamma_{21}\beta_{32}$。最后,容纳指定效应包括 x_1 通过 y_2 对 y_3 发生作用的所有路径。图 6.7 描述了 x_1 到 y_2 到 y_3 的路径 $\gamma_{21}\beta_{32}$ 之外,容纳指定效应也包括了 x_1 到 y_1 到 y_2 到 y_3 的路径 $\gamma_{11}\beta_{21}\beta_{32}$,因此容纳指定效应为 $\gamma_{21}\beta_{32}+\gamma_{11}\beta_{21}\beta_{32}$。

运用图 6.7 中相同的例子模型,现在考虑 x_1 通过 y_1 对 y_3 的可能的间接效应。在这个例子中,排他指定效应再次是单一路径: x_1 对 y_1 的效应 γ_{11} 乘以 y_1 对 y_3 的效应 β_{31} : $\gamma_{11}\beta_{31}$。然而,对于这一中介关系,增值指定效应是不同的。首先要得出 x_1 对 y_1 的效应,然后得出达到 y_3 的所有可能路径。因此,增值指定效应不仅仅包括 x_1 对 y_1 到 y_3 的路径,也包括 x_1 对 y_1 到 y_2 到 y_3 的路径: $\gamma_{11}\beta_{31}+\gamma_{11}\beta_{21}\beta_{32}$。在这个例子中,容纳指定效应和增值指定效应是相同的,因为对于 x_1 通过 y_1 到 y_3,没有其他可能的途径。

第8节 | 关于中介更多的信息

间接效应和许多研究者感兴趣的另一个主题相关——中介变量(mediating variables)。研究者通常对理解一个变量影响另一个变量的机制,以及通过推导和考量中介变量或干扰变量对这些机制进行建模很感兴趣。例如,设想一个研究者对理解教育和出生率之间的关系感兴趣,如图6.8所示,其中教育到生育的相关系数是总体效应。

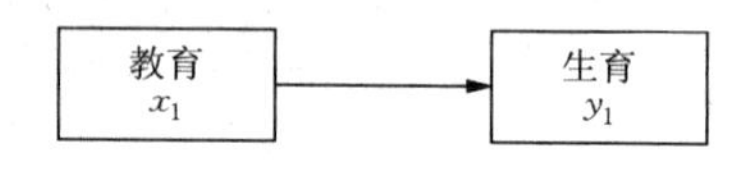

图6.8 教育对生育的总体效应

理论上讲,研究者也许希望了解这一关系是如何出现的,并且看到了三个中介变量也许可以帮助解释教育和生育之间的关系:结婚年龄、期待家庭规模和避孕用品的使用,如图6.9所示。

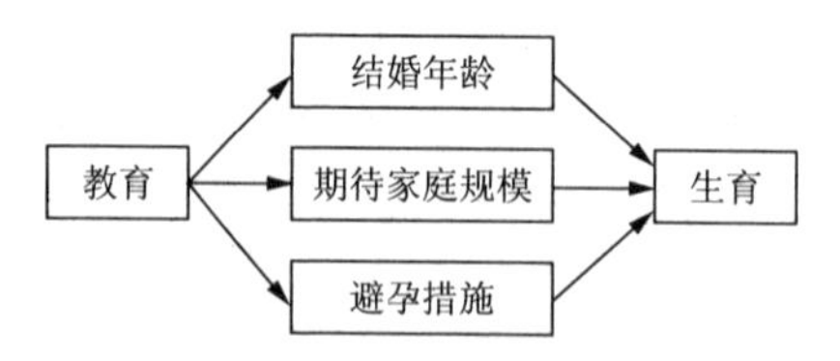

图6.9 教育通过三个中介变量对生育的间接影响

图6.9解释了总体效应实际上由多种间接效应组成。也就是，教育通过中介变量对生育有间接影响。

对中介影响进行假设和检验非常有用。即便在两个变量没有总体影响的情形下也是如此。我们来考虑抑制效应(supressor effects)——当直接和间接效应由相似的数值但是相反的符号组成，结果导致不显著的总体效应。在这一情形下，忽略中介变量会导致抑制效应。Bollen(1989b：48)，MacKinnon，Krull和Lockwood(2000：175)重新审视了来自McFatter(1979)的一个出色的例子。一个对流水线工人的研究得出了违反常理的结论，即更聪明的工人并没有比不太聪明的工人少犯错误，如图6.10所示。

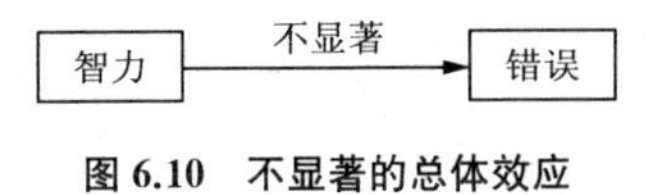

图6.10　不显著的总体效应

然而，通过对一个中介变量的潜在过程的检验表明了聪明才智确实降低错误率，但是它也会增加工人的厌倦感并且反而增加了错误率。这导致了一个不显著的总体效应(图6.11)。

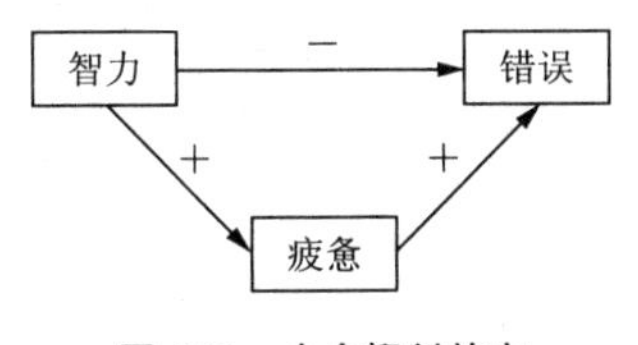

图6.11　中介抑制效应

研究者应当对抑制效应的可能性保持警惕。即便原有的外生变量和内生变量之间没有显著的关系，中介效应仍然可能存在(Judd & Kenny, 1981; MacKinnon et al., 2000)。

在对中介效应建模的过程中,研究者可能对单一的中介变量——我们称之为"简单中介"——有兴趣,如图 6.11 所示,或者他们对多重中介变量感兴趣,如图 6.9 所示(Preacher & Hayes, 2008b)。当多重中介变量存在时,研究者所感兴趣的往往是总体间接效应以及通过特定中介变量的排他指定效应。

第9节 | 检验间接效应:简单的中介效应

在量化间接效应的大小之外,研究者也许希望评估通过中介变量的间接效应是否统计显著。在这一部分,我们首先提出在简单的中介效应的情形下的评估和检验——通过单一中介变量的单一间接效应,如图6.12所示。图6.12呈现了对中介效应的经典定义方式。其中,c是x对y的总体效应,c'是剔除了通过中介M的间接效应之后x对y的直接效应。

Baron和Kenny(1986)提供了如何呈现中介关系是否存在的直观思维。考虑x对y的总体效应的方程,

$$y = cx + \zeta \quad [6.19]$$

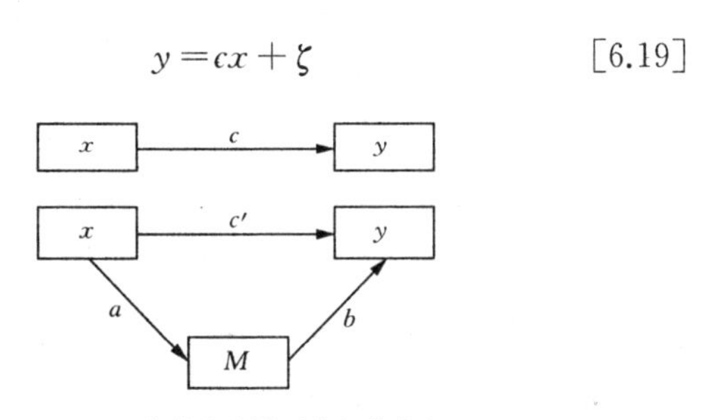

图6.12 简单中介模型的经典定义

并且x对y中介效应的方程是:

$$M = ax + \zeta \qquad [6.20]$$

$$y = c'x + bM + \zeta \qquad [6.21]$$

Baron及Kenny(1986)提出了识别中介关系的三个标准:

1. 在方程6.20中,自变量必须显著地影响中介变量。

2. 在方程6.21中,中介变量必须显著地影响因变量。

3. 一旦控制M(方程6.21中的c'),前面自变量对因变量的显著影响(方程6.19中的c)不再显著。

第三条标准描述了完全中介(complete mediation)的情形。局部中介(partial mediation)的情形也是可能的。在局部中介的情形下,x对y的直接影响(c')在将M纳入到模型后减弱,但是仍然统计显著。

尽管Baron和Kenny的方法被普遍接受并且也很直观,但是有时这一被称为因果步骤策略的方法并没有直接检验间接效应的显著性。如Preacher和Hayes的简要描述:

> "重要的是,因果步骤策略迫使研究者在假设检验的框架下暗示中介效应的存在和大小,这些假设并没有直接说明相关假设——通过M链接x和y的因果路径是否非零并且是否在我们所期望的方向。"(2008:20)

间接效应更为直接的检验是构建和检验相关系数a和b的乘积ab。许多方法使用ab作为对间接效应进行统计推断的基础。间接效应的点估计是相关系数的乘积:在这个例子中是ab。因此,对于假设检验,我们必须要知道ab是否显著地不为0。我们也要报告出ab的置信区间。

对于简单中介效应最普遍的检验是delta方法(下面会

进行讨论)的特殊例子,我们称之为 Sobel 检验(Sobel,1982)[37]:

$$se_{ab} = \sqrt{b^2 s_a^2 + a^2 s_b^2 + s_a^2 s_b^2} \qquad [6.22]$$

其中 s_a^2 是 a 的渐近方差,并且 s_b^2 是 b 的渐近方差。一些研究的描述往往忽略了第三点,尽管它经常是一个接近 0 的值。因此,为了检验间接效应的显著性,我们需要做的是用 ab 除以 se_{ab},然后将得到的比率和标准正态分布进行比较。

第 10 节 | 检验间接效应:多元 delta 方法

研究者可能对检验多重间接效应或者更复杂模型中的效应感兴趣。方法基本和前面所述相同:我们需要通过得到渐近方差/协方差矩阵,来构建间接效应的样本分布。

如果我们将一个间接效应视为变量之间直接效应的方程,那么我们可以使用多重 delta 方法,这允许我们获得一个多重正态随机列的可微方程的渐近分布。

简而言之,delta 方法一般陈述的是,如果在我们的样本量 N 下,估计值 $\hat{\theta}_N$ 围绕着有渐进方差/协方差矩阵 ACOV(θ)的 θ 周围呈现正态分布并且是一致的,那么在大样本中,$\hat{\theta}_N$ 的方程,或者 f($\hat{\theta}_N$),呈现正态分布,其均值为:

$$\mathrm{f}(\theta)$$

渐近方差/协方差为:

$$\left(\frac{df}{d\theta}\right)' \mathrm{ACOV}(\theta)\left(\frac{df}{d\theta}\right)$$

其中 $\left(\frac{df}{d\hat{\theta}}\right)$ 是方程关于 θ 的导数。

简而言之,使用 delta 方法是通过计算原矢量的渐近方差/协方差矩阵以获得方程矢量的渐近方差/协方差矩阵。在联立方程组间接效应的情形下，我们得到了直接效应的渐近方差/协方差矩阵，并且需要得到间接效应的渐近方差/协方差矩阵。

考虑一般的情形，有 d 个直接效应 θ ，有 i 个相关方程间接效应 $\mathrm{f}(\theta)$。 间接效应的渐近方差/协方差的大样本估计值是：

$$\left(\frac{df}{d\hat{\theta}_N}\right)' \mathrm{ACOV}(\hat{\theta}_N)\left(\frac{df}{d\hat{\theta}_N}\right) \qquad [6.23]$$

其中 $\left(\frac{df}{d\hat{\theta}_N}\right)$ 是关于 θ 的以 $d\times i$ 为秩的一阶导数，并且 $\mathrm{ACOV}(\hat{\theta}_N)$ 是以 $d\times d$ 为秩的直接效应的渐近协方差矩阵。间接效应的间接协方差矩阵是 $i\times i$。

为了得到 $\left(\frac{df}{d\theta}\right)$，我们将 d 个直接效应加入矢量 θ 并且将 i 个间接效应加入矢量 $\mathrm{f}(\theta)$。 关于直接效应，$\mathrm{f}(\theta)$ 的每一个元素因此都被区分开来，得出一个以 $d\times i$ 为秩的矩阵：

$$\left(\frac{df}{d\theta}\right)=\begin{bmatrix}\frac{df_1}{d\theta_1} & \cdots & \frac{df_i}{d\theta_1}\\ \vdots & \ddots & \vdots\\ \frac{df_1}{d\theta_d} & \cdots & \frac{df_i}{d\theta_1}\end{bmatrix} \qquad [6.24]$$

为了解释 delta 方法的应用，我们考虑包含三个外生和三个内生变量的模型，如图 6.7 所示。Sobel(1982)提出了关于这个例子的渐近标准误。以下面的直接效应开始(括号内

为标准误):

$$\gamma_{11}=0.038\,5(0.002\,5)$$

$$\gamma_{12}=0.170\,7(0.015\,6)$$

$$\gamma_{13}=-0.228\,1(0.017\,6)$$

$$\gamma_{21}=0.135\,2(0.017\,5)$$

$$\gamma_{22}=0.049\,0(0.108\,2)$$

$$\gamma_{23}=-0.463\,1(0.123\,1)$$

$$\beta_{21}=4.376\,7(0.120\,2)$$

$$\gamma_{31}=0.011\,4(0.004\,5)$$

$$\gamma_{32}=0.071\,2(0.027\,5)$$

$$\gamma_{33}=-0.037\,3(0.031\,4)$$

$$\beta_{31}=0.199\,8(0.036\,4)$$

$$\gamma_{32}=0.070\,4(0.004\,5)$$

我们从一个简单的例子开始:检验间接效应 $\beta_{21}\gamma_{11}$。

我们得到直接效应的估计值以及它们的标准误:$\hat{\gamma}_{11}=0.038$,其标准误为 0.002;$\hat{\beta}_{21}=4.377$,其标准误为 0.120。进一步讲,我们计算出了间接效应的估计值,$\mathrm{f}(\hat{\theta}_N)=\hat{\beta}_{21}\hat{\gamma}_{11}=0.168$。将这些结果代入到两个矢量中,我们得到:

$$\theta=[\beta_{21}\gamma_{11}]' \qquad [6.25]$$

和

$$f(\theta)=\beta_{21}\gamma_{11} \qquad [6.26]$$

为了计算间接效应的标准误,我们需要 $\left(\frac{df}{d\theta}\right)$ 以及

$ACOV(\hat{\theta}_N)$，$ACOV(\theta)$ 的估计值：

$$\left(\frac{df}{d\theta}\right)=\left(\frac{df(\theta)}{d\beta_{21}}\ \frac{df(\theta)}{d\gamma_{11}}\right)'=[\gamma_{11}\beta_{21}]'$$

$$ACOV(\hat{\theta}_N)=\begin{bmatrix} s^2_{\hat{\beta}_{21}} & 0 \\ 0 & s^2_{\hat{\gamma}_{21}} \end{bmatrix}$$

因此,渐近方差/协方差为

$$\begin{aligned} f(\hat{\theta}_N) &= \left(\frac{df}{d\hat{\theta}_N}\right)' ACOV(\hat{\theta}_N)\left(\frac{df}{d\hat{\theta}_N}\right) \\ &= [0.038\quad 4.377]\begin{bmatrix} 0.120^2 & 0 \\ 0 & 0.002^2 \end{bmatrix}\begin{bmatrix} 0.038 \\ 4.377 \end{bmatrix} \\ &= 0.000\,097 \end{aligned}$$

[6.27]

得出标准误为 $\sqrt{0.000\,097}=0.009\,87$。

在简单的两路径间接效应的情形下，一种替代的公式是：

$$[\hat{\beta}^2_{21}\,\mathrm{var}(\hat{\gamma}_{11})+\hat{\gamma}^2_{11}\,\mathrm{var}(\hat{\beta}_{21})]^{1/2}$$

注意这和 Sobel 检验的相似性。

大数量间接效应的计算也是可能的。我们在此应用图 6.7 中模型的例子,然后计算出通过 y_1 对 y_2 和通过 y_1 对 y_3 的六个间接效应：$\gamma_{11}\beta_{21}$、$\gamma_{12}\beta_{21}$、$\gamma_{13}\beta_{21}$、$\gamma_{11}\beta_{31}$、$\gamma_{12}\beta_{31}$ 和 $\gamma_{13}\beta_{31}$。它们是五个直接效应 γ_{11}、γ_{12}、γ_{13}、β_{21} 和 β_{31} 的方程。我们得到的渐近协方差矩阵的秩是 6×6。

$$\mathrm{f}(\hat{\theta}_N)=\left(\frac{df}{d\hat{\theta}_N}\right)' ACOV(\hat{\theta}_N)\left(\frac{df}{d\hat{\theta}_N}\right)$$

$$
= \begin{bmatrix} 4.38 & 0 & 0 & 0.039 & 0 \\ 0 & 4.38 & 0 & 0.17 & 0 \\ 0 & 0 & 4.38 & -0.23 & 0 \\ 0.20 & 0 & 0 & 0 & 0.039 \\ 0 & 0.20 & 0 & 0 & 0.17 \\ 0 & 0 & 0.20 & 0 & -0.23 \end{bmatrix}
$$

$$
\cdot \begin{bmatrix} 0.003^2 & 0 & 0 & 0 & 0 \\ 0 & 0.016^2 & 0 & 0 & 0 \\ 0 & 0 & 0.018^2 & 0 & 0 \\ 0 & 0 & 0 & 0.012^2 & 0 \\ 0 & 0 & 0 & 0 & 0.036^2 \end{bmatrix}
$$

$$
\cdot \begin{bmatrix} 4.38 & 0 & 0 & 0.20 & 0 & 0 \\ 0 & 4.38 & 0 & 0 & 0.20 & 0 \\ 0 & 0 & 4.38 & 0 & 0 & 0.20 \\ 0.039 & 0.17 & -0.23 & 0 & 0 & 0 \\ 0 & 0 & 0 & 0.039 & 0.17 & -0.23 \end{bmatrix}
$$

相乘可得间接效应的渐近协方差矩阵。对角元素的平方根得出了六个间接效应的标准误：

$$
\begin{bmatrix} 0.012 & & & & & \\ & 0.071 & & & & \\ & & 0.082 & & & \\ & & & 0.001 & & \\ & & & & 0.007 & \\ & & & & & 0.009 \end{bmatrix}
$$

同样可以使用这一方法计算更为复杂的间接效应，例如 x_1 通过 y_2 对 y_3 的间接效应，或 $\gamma_{21}\beta_{32}+\gamma_{11}\beta_{21}\beta_{32}$（Sobel，1982）。参见 Preacher 和 Hayes(2008a)在多重中介效应模型的特殊例子中对多元 delta 方法的讨论。

第11节 | 检验间接效应:自举法

Sobel检验和多元delta方法假设相关系数的正态分布,这可能是基于小样本的考虑。另一种策略,自举法(bootstrapping),在Bollen与Stine(1992)对间接效应研究的论文中首先被提及。它并不要求分布的假设,也因此是小样本时更为可取的办法,或者当研究者有理由相信非正态分布存在的情形(Lockwood & MacKinnon, 1998; MacKinnon et al., 2004; Preacher & Hayes, 2008a)。

自举的间接效应和其他文献中的自举法相似。研究者用替代的方式从原始样本中抽取样本,并且取得 a 和 b 的估计值。替代抽样意味着,如果一个个案被抽中作为自举样本,那么它仍然保留在原始样本中直至取得了样本量 N。因此自举样本可以包括同一个个案很多次,同时根本没有包括一些个案。

重抽样的过程要重复许多次(k),经常超过1 000次;对于一个新的样本,a 和 b 被估计出来并被用以计算间接效应 ab。ab 的这些 k 值的分布作为 ab 的样本分布的实证趋近。实证抽样分布的均值作为 ab 的点估计,而实证抽样分布的标准差充当标准误。置信区间可以通过对 ab 的重复抽样值从低到高排序并且定义上下限而获得。需要注意的是这些是百分比，因此不需要围绕均值对称。研究者可以直接使用自举的置信区间，使用校正偏误的置信区间，或使用校正偏误和加速的置信区间（Efron，1987）。没有间接效应的原假设因此能通过评估置信区间是否将0包含进去来验证。

第 12 节 | 实证的例子：检验间接效应

在 Stata 中，研究者可以通过使用 delta 方法或使用自举法计算间接效应的标准误。为了阐述这一观点，我们修改一下我们的例子使之成为一个简单的中介作用模型：(1)在社区中步行的不安感充当了经历抢劫或盗窃行为和相互信任之间关系的中介；(2)阅读报纸的频率充当同样的关系的中介(参见图 6.13)。

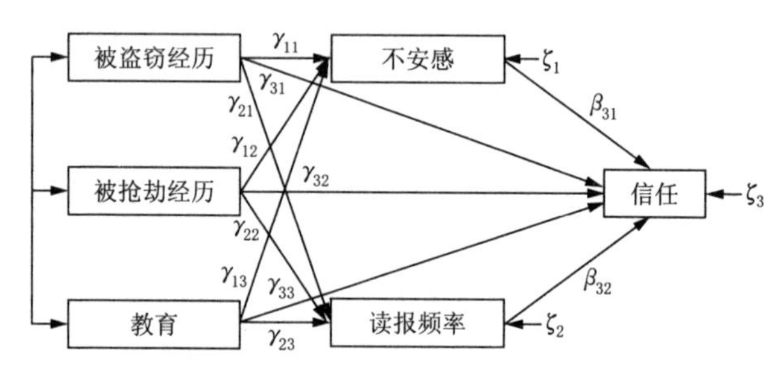

图 6.13 中介模型(相互信任的实证例子)

我们可以使用看似无关的回归命令(sur)在模型中同时估计所有的相关系数，而不是对每个方程单独估计以获得相关系数。

```
sureg(fearwalk burglary robbey educ) (news burglary
robbery educ) (intprtrst news fearwalk burglary rob-
```

bery educ)

为了计算比如盗窃经历通过不安感对相互信任的间接影响的标准误，我们要用非线性组合的命令：

nlcom[fearwalk]_b[burglary] * [intprtrst]_b[fearwalk]

其中第一个括号里的项指的是方程的结果变量，"_b"要求Stata报告后面括号里所列变量的估计相关系数。因此，这里我们用不安感作为结果变量([fearwalk]_b[burglary])的方程中盗窃经历的相关系数乘以以相互信任作为结果变量([intprtrst]_b[fearwalk])的方程中不安感的相关系数。计算抢劫经历对相互信任的间接效应的标准误的代码如下所示：

nlcom[fearwalk]_b[robbery] * [intprtrst]_b[fearwalk]

获得和检验通过阅读报纸的两个间接效应的代码如下所示：

nlcom[news]_b[burglary] * [intprtrst]_b[news]

nlcom[news]_b[robbery] * [intprtrst]_b[news]

如果我们希望检验通过两种测量的不安感的容纳指定间接效应，我们可以用下面的代码(总结了两种间接路径)：

nlcom[fearwalk]_b[burglary] * [intprtrst]_b[fearwalk] + [fearwalk]_b[robbery] * [intprtrst]_b[fearwalk]

运用 Lockwood 和 MacKinnon(1998)、Preacher 和 Hayes(2008a)提出的自举法，我们通过一个叫 bootmm 的程序去估计标准误：

```
program bootmm, rclass
sureg(fearwalk burglary robbery educ) (news burglary
robbery educ) (intprtrst news fearwalk burglary robbery
educ)
return scalar indbur = [fearwalk] _b [burglary] *
[intprtrst] _b [fearwalk]
return scalar indrob = [fearwalk] _b [robbery] *
[intprtrs] _b [fearwalk]
return scalar indtotal = [fearwalk] _b [burglary]
* [intprtrst] _b [fearwalk] + ///
[fearwalk] _b [robbery] * [intprtrst] _b [fearwalk]
return scalar indnewsbur = [news] _b [burglary] *
[intprtrst] _b [news]
return scalar indnewsrob = [news] _b [robbery] *
[intprtrst] _b [news]
end
```

因为我们需要从这些模型中获得的输出的类型(我们在使用命令"return"获得相关系数),bootmm 程序是一个 rclass 程序。命令 sureg 估计了我们的相关模型,并且后面的命令告诉 Stata 模型里哪些相关系数才是我们所感兴趣的。例如,代码

```
return scalar indbur = [fearwalk] _b [burglary] *
[intprtrst] _b [fearwalk]
```

要求 Stata 报告一个名为"indbur"的标量值,这一数值由方程右边的部分(盗窃经历的间接效应,如前面所定义)所决定。"///"允许命令行回车,"end"意味着程序的结束。

我们要求 Stata 计算这些自举结果：

```
bootstrap r(indbur) r(indrob) r(indtotal) r(indnewsbur) r(indnewsrob), reps(5000) nodots: bootmm2
```

这一命令计算了上面定义的我们感兴趣的五个相关系数的自举样本。它进行了 5 000 次重复。我们告诉软件去执行我们定义的程序，我们要求软件不对每一次重复报告小数点（"nodots"）。

我们也可以从自举过程得到百分比（"*bc*"选项要求报告偏误校正百分比）：

```
estat boot, bc percentile
```

关于在 Stata 中对间接效应进行编程，参见 http://www.ats.ucla.edu/stat/stata/faq/mulmediation.htm。

这些模型的结果呈现在表 6.1 中。外生变量对社区中的不安感的直接效应呈现在第一列，外生变量对读报频率的直接效应呈现在第二列，并且外生变量和中介变量对相互信任的直接影响呈现在第三列。给定经历盗窃事件增加了一个人在社区步行的不安感（0.117），而不安感减少了相互信任（−0.114），这一间接效应是 −0.013（0.117 ×− 0.114 = −0.013），如下面的区域的第一列所示。不论我们使用 delta 方法还是自举法，下面的区域的第一和第二列显示这个间接效应的估计标准误都是相似的。在每种情形下，我们总结出间接效应显著不同于 0。经历盗窃事件减小阅读报纸频率的似然率（−0.234），读报频率增加了一个人对他人的信任（0.070），对他人信任的显著负向间接效应（−0.016 2）。并且通过不安感作为中介经历抢劫事件对相互信任的间接效应（−0.025 8）显著不同于 0，如表 6.1 的下方区域所示。然而，通过读报频率作为中介的经历抢劫事件对相互信任的间接效应并没有显著不同于0。从下方区域的最后两列我们也看到了对于三种间接效应的偏误校正的自举置信区间并不包含0,更多的证据显示了这些效应显著不同于0。唯一的特例是以读报频率作为中介作用的经历盗窃事件的间接效应。

表 6.1 中介模型的结果:用两种方法计算间接效应的标准误——delta 方法和自举法

	直接效应		
	结果:社区中的不安感	结果:阅读报纸的频率	结果:相互信任
社区中的不安感			−0.114 (0.023)
阅读报纸的频率			0.070 (0.010)
过去一年经历盗窃事件	0.117 (0.029)	−0.234 (0.068)	−0.269 (0.045)
过去一年经历抢劫事件	0.227 (0.048)	−0.022 (0.115)	−0.127 (0.076)
受教育年限	−0.009 (0.002)	0.078 (0.006)	0.054 (0.004)
截距	0.562 (0.033)	2.007 (0.078)	−0.908 (0.057)
R^2	0.013	0.041	0.078

	间接效应		
	使用 delta 方法的标准误	使用自举法的标准误	偏误校正自举法的95%置信区间
以经历盗窃事件作为中介的不安感	−0.013 4 (0.004 3)	−0.013 4 (0.004 3)	−0.024 0 −0.006 6
以经历抢劫事件作为中介的不安感	−0.025 8 (0.007 6)	−0.025 8 (0.007 4)	−0.043 6 −0.013 8
以经历盗窃事件作为中介的读报频率	−0.016 2 (0.005 3)	−0.016 2 (0.005 5)	−0.028 3 −0.006 7
以经历抢劫事件作为中介的读报频率	−0.001 5 (0.008 0)	−0.001 5 (0.008 3)	−0.018 8 −0.014 3

为了在 SAS 中估计这个模型，我们基于 Preacher & Hayes(2008a)使用了一个宏。它可以通过网络下载(http://www.comm.ohio-state.edu/ahayes/SPSS%20programs/indirect.htm)。对于我们的模型间接的宏的代码：

```
%indirect(data = a1, y = intprtrst, x = burglary, m
= fearwalk news robbery educ, c = 2, boot = 5000,
conf = 95, percent = 1,bc = 1, bca = 1, normal = 1);


%indirect(data = a1, y = intprtrst, x = robbery, m =
fearwalk news burglary educ, c = 2, boot = 5000, conf
= 95, percent = 1,bc = 1, bca = 1, normal = 1);
```

代码的每一行计算了一个特定外生变量的中介效应。例如，代码的第一行告诉 SAS 使用宏 indirect.mac，使用数据 a1。其中最终的结果变量(y)是 intprtrst，计算间接效应的 x 变量是 burglary；命令“m＝”告诉 SAS 模型中哪些变量是中介变量，哪些是额外的控制变量(命令“c=2”告诉 SAS 这一列最后两个变量的名字是控制变量——robbery 和 educ——因此这一列的前两个变量名字是中介变量——fearwalk 和 news)，“percent=1”要求 SAS 计算自举置信区间(CIs)，“bc=1”要求 SAS 计算偏误校正置信区间，“bca=1”要求计算偏误校正和加速的置信区间，并且“normal=1”要求 SAS 计算 Sobel 标准误。

因为这一代码在计算这些中介效应时仅仅允许一个单个变量 x，代码的第二行要求 SAS 计算抢劫经历的中介间接效应的标准误和置信区间。注意在这一行，抢劫经历(而不是盗窃经历)作为 x 变量，盗窃经历(而不是抢劫经历)作为一个“控制”变量。所有其他项都是一样的。

SAS 宏的自举结果和 Stata 所取得的结果非常相似。

第7章

结论

本书主要围绕非递归联立方程组讨论了几个重要的问题。我们叙述了联立方程组如何划分为两种主要的类型——递归和非递归——并且集中讨论了非递归模型,因为这一模型往往给研究者带来额外的挑战。我们对非递归模型补充了两个相辅相成的视野:包含潜变量的结构方程模型(SEM)(例如 Bollen, 1989b; Kaplan, 2009)和计量经济学传统(例如 Greene, 2008; Kennedy, 2008; Wooldridge, 2009)。

本书叙述了联立方程模型的五个关键步骤:模型设定(specification)、识别、估计、评估和解释。我们强调研究者在模型设定时需要参阅已有的理论以细化他们的模型中所应该包括的方程。我们强调识别是一个关键的过程。在这一过程中,研究者在理论上要叙述对于模型的每一个参数存在唯一的估计结果。为了达到识别的目的,模型参数所包括的限定条件应当由理论指引并且需要尽可能地利用本书所描述的技术进行评估。尽管许多 SEM 文献几乎全部集中关注完全信息估计,例如最大似然法(ML),我们强调有限信息估计,例如两阶段最小二乘法(2SLS)在许多情形下是具有优势的。在评估的过程中,我们建议:(1)评估每个单个方程的拟合度;(2)在包含潜变量的 SEM 传统下评估系统所有方程的整体拟合度;(3)评估工具变量的质量。最后,联立方程组的解释要比单个方程更为复杂,因为研究者能够解释一个变量对另一个变量的直接、间接和总体效应。我们叙述了计算三种类型效应的方法以及评估它们显著性的方法。

本书的一个核心议题是强调在设定非递归模型时,研究者需要依赖理论。对于决定哪种途径可以被估计或不能被估计,理论是非常必要的。进一步来讲,理论对工具变量的选择至关重要,而工具变量对于这些模型的识别和成功估计极为关键。在一些情形下,对一些假设的实证检验并不可行,现有的理论将成为研究者在设定模型时唯一的依据。

本书的第二个核心议题是检验尽可能多的非递归模型的假设。如前所述,这些检验并不困难并且大多数标准的统计软件提供了检验工具(例如 SAS、Stata)。进一步而言,这些检验提供了估计值质量的直接证据。不幸的是研究者往往没有采用这些检验。忽略这些检验的原因是许多采用 ML 估计的 SEM 统计软件并没有提供这些检验。结果,当使用 ML 估计值时,一些研究者会假设并不需要这些检验。这并不正确,因为坏的和弱的工具变量会降低估计值的解释力。

考虑到非递归系统的估计依赖工具变量,对模型使用的工具变量进行评估显得极为关键。我们强调关于 IV 的两个关键假设:(1)工具变量与干扰项无关;(2)工具变量与问题变量有关(它们是问题变量很强的预测变量)。假设(1)是关于有效性的,并且可以通过我们所描述的过度识别限定检验进行评估的。假设(2)会导致无效性、增加样本偏误,可以通过我们描述的弱工具变量检验进行检验。

通过本书,我们重申了有限信息估计,例如 2SLS,并非是过时的方法。研究者在使用结构方程软件时不能忽略这一方法。在一些情形下,2SLS 估计的假设对于研究者而言要比 ML 估计的假设更加适用。完全信息估计在有限的条件下会带来更有效的参数估计,但是他们对指定误差更加敏感,因为一个方程中的错误会扩展到体系中所有方程的参数估计上。只要他们并不影响被排除的变量或工具变量,有限信息估计如 2SLS 就不会将指定错误扩展到其他方程中。进一步讲,2SLS 估计——包括它对非递归模型第一阶段方程的估计——提供了使用 ML 估计的研究者往往会忽略的信息。我们认为,不论研究者采用何种估计策略,获取并呈现第一阶段方程的有关信息并且对估计值的质量进行评估仍然很重要。

注释

[1] 联立方程模型和结构方程模型的区别在于联立方程模型中很少考虑变量的测量误差,也没有尝试估计潜变量(参见 Bollen, 1989b, pp.80—150)。这并非是严格的区分,可以仅仅被视为是强调的区别。

[2] 在术语上可能有歧义。例如,一些经济学家可能将联立方程模型视为我们所定义的结构方程模型,尽管他们的方法和潜变量 SEM 方法存在差异。

[3] 相关系数的下标遵从特定的规定:下标的第一个数字表示被影响的变量,第二个数字表示施加影响的变量。下标也表示相关系数矩阵的布置、行和列位置。

[4] 外生变量 x_1 和 x_2 之间的双向箭头路径表示两个变量之间的协方差。协方差通常由双向箭头表示:一种方式是使用曲线,另一种方式是使用多向箭头的直线。

[5] 除非研究者处理的是实验数据,那么可以认为在外生变量之间是零相关。一般而言,我们不能假定零相关。

[6] 当然,个体层面的观测值仍然很重要,不能被忽略。例如,离群值可能会影响分析的结果。

[7] 下面的法则和定义被采用(Bollen, 1989b, p.21)。定义 c 为一个常量,x_1、x_2、x_3 为随机变量:(1)$COV(c, x_1) = 0$, (2)$COV(cx_1, x_2) = cCOV(x_1, x_2)$, (3)$COV(x_1 + x_2, x_3) = COV(x_1, x_3) + COV(x_2, x_3)$。同样要注意的是 $VAR(x_1) = COV(x_1, x_1)$。

[8] 三变量反馈环的一个经典理论例子来自气候学:地球表面温暖的气候意味着雪量和冰覆盖的下降,而这又导致对热量的反射减少,进而使气候更加温暖。另一个例子是睡眠与压力的循环:睡眠质量差导致白天的疲乏,这让人更难以应对压力,进而使得睡眠质量变差。

[9] 在联立方程模型中,有问题的回归变量通常被标为 y ——方程系统中的内生变量。

[10] 众所周知的忽略变量和测量误差的问题,困扰了所有使用观察数据分析的技术,包括最小二乘法,logistic 回归等,并不是联立方程组独有的问题。

[11] 有三个关于信任,助人和公平的问题:“一般而言,你认为大多数人值得信任,还是在生活中无论多么小心都不为过?”“你认为大多数情形下人们是乐于助人,还是只关心自己?”“你认为大多数人是只要有机会就会攫取好处的,还是会尝试着秉持公平?”

[12] 研究者也可以用这三个指标将信任创建成一个潜变量(Paxton, 1999),这个例子会变成一个一般的结构方程模型(Bollen, 1989b)。

[13] 模型未识别并不意味着模型中的所有参数都没有被识别。实际上,未被识别的模型可以包含可以识别的方程。在很少的情形下,研究者希望估计整体未识别模型中的可识别的部分。当研究者试图研究未识别模型,我们建议谨慎为之。

[14] 也可以通过使用上面所述的阶或秩条件去评估分块的识别。选择取决于研究者。我们的经验是,许多研究者会发现这里描述的八种特例非常直观,因此倾向于采用。

[15] 出于教学的目的,Duncan 等人(1972)的模型已经被稍微调整。

[16] 存在两个以上变量的反馈环不能归入这八个情形之中。但是,原则是相似的。例如,如果一个独特的变量与反馈环中每一个变量都相关,那么这个模型就是可识别的。(Heise, 1975:180)

[17] 如果模型中一个方程的错误指定导致了模型中另一个方程使用了不合适的工具变量,那么这一错误的模型指定有可能在有限信息估计值中扩展。

[18] 第二个条件 $COV(z_1, x_1) \neq 0$,作为一个渐近,只有当方程中问题变量是唯一的解释变量时才能成立。在大多数情形下,方程中存在其他的解释变量,因此这一要求变成了,当其他解释变量被剔除之后,z_1 必须和问题变量部分相关。(Wooldrige, 2002:84)

[19] 关于被剔除的工具作为"工具变量",如果没有明确表明工具变量的完整列表不仅包括被剔除的工具或被方程忽略的变量,也包括方程中所有的外生变量,在术语上就会有一些疑惑出现。

[20] 术语混淆的可能再次出现。一些教科书将 $\hat{y}_2$ 视为 y_2 的"工具"。尽管技术上是正确的,然而我们在此将它称为整合工具变量,以和结构方程中的外在和内含工具变量相区别。

[21] 一些被包括在了方程之中,一些被方程排除。值得注意的是,在一些模型中,**X** 也包括其他方程的内生变量,如果在模型中存在一些零相关系数,那么这是可能发生的。

[22] 甚至在大样本中,如果工具变量很弱,偏误依然存在。(参见第 5 章)

[23] 当模型被正确设定并且被观察变量没有过度峰态时,ML 估计值是一致的、渐近无偏的并且渐近有效的。对于正态分布的干扰项,3SLS 和 ML 有相同的渐进分布。事实上,通过 3SLS 迭代,对于 3SLS 和 ML 产生数量上相等的结果。

[24] 当忽略使用 OLS 的相关干扰项限制了有效性,这一情形和看似无关的回归模型或 SUR 模型的要求是相等的。和 OLS/SUR 的对比类似,非递归模型的完全信息和有限信息估计值和准确识别模型是对等的。

[25] 有关这些问题的诊断技巧在结构方程模型中存在相似性(Bollen, 1996; Bollen & Kmenta, 1986)。

[26] 卡方检验的假设包含(1)不存在奇异值,(2)可观测变量的多元分布的峰度服从正态分布(Browne, 1984),(3)当样本足够大时满足检验的渐近性质,(4)样本来自单一总体。最后一点值得提及的是,当统计功效很高时(例如,样本量非常大),只要模型有些许错误就会使得零假设被拒绝(有关细节,请参见 Anderson & Gerbing, 1984; Curran, West & Finch, 1996; Tanaka, 1993)。

[27] 还可参见 Anderson 和 Rubin(1949)以及 Hausman(1978, 1983)。

[28] R^2 通常用与样本均值差异的平方和来定义,它还可看作在拟合常数后 y 的变异。而非中心 R^2 为 y 与 0 的差异的平方和。

[29] 弱工具变量会对任意估计量产生有限样本偏差。如果工具变量非常弱,所致偏差即便在大样本中仍可存在。另外,对于包含弱工具变量的模型,尽管工具变量与误差的相关性很小,也会导致估计量的不一致(Bound, Jaeger & Baker, 1995)。

[30] 研究者不应仅假设内生变量与工具变量存在线性关系,还应考虑内生变量与工具变量间非线性(或多项)相关的可能性(Kelejian, 1971)。

[31] 如果存在多个内生变量,应该用 Cragg-Donald 统计量而不是 F 统计量。该统计量在 Stata 中也非常容易得到。

[32] Hausman 内生性检验的最初推断是基于 OLS 与 2SLS 估计量的比较。简言之,如果模型中的所假设的内生变量实际上是外生的,那么 OLS 与 2SLS 的区别仅在于抽样误差上(具体问题请参见 Wooldridge, 2002,或者 Baum et al., 2003)。这里所展示的检验可能更加直观。值得注意的是,这是一个预测试估计量,即,估计量的选取是基于预测试的结果。接下来估计的模型也不是对数据的最初检验,因此,有研究提出要进行多种测试及调整参数检验的必要性(请参见 Guggenberger, 2010)。

[33] 最近有研究提出了包含潜在工具变量的模型估计方法(Ebbes, Wedel, Böckenholt & Steerneman, 2005)。

[34] 请参见 Young(2009)以及 Bound 等(1995)关于对使用工具变量的已发表研究的评估。

[35] 参见表 5.1 的第一行。同样,Stata 会报告相关的临界值。

[36] Goldberg(1958)和 Bollen(1987)提出了一个充分不必要的简略版本:如果 **B** 是正的,并且列中元素之和小于 1,那么特征值的绝对值小于 1。

[37] Sobel 检验是简单中介效应情形下的多元 delta 方差。它假设 ab 样本是正态分布的。简单的 Sobel 检验可以在 strata 中执行 ivregress 命令之后用 sgmedian 进行分析。

参考文献

Akaike, H. (1974) "A new look at the statistical model identification," *IEEE Transactions on Automation Control*, *AC-19*:716—723.

Alwin, D.F., and Hauser, R.M. (1975) "The decomposition of effects in path analysis," *American Sociological Review*, 40:37—47.

Anderson, J., and Gerbing D.W. (1984) "The effects of sampling error on convergence, improper solutions and goodness-of-fit indices for maximum likelihood confirmatory factor analysis," *Psychometrika*, 49:155—173.

Anderson, D.W.K. and Rubin, H. (1949) "Estimation of the parameters of a single equation in a Complete system of stochastic equations," *Annals of Mathematical Statistics*, 20:46—63.

Andrews, D.W.K., Moreira, M.J., and Stock, J.H. (2006) "Optimal two-sided invariant similar tests for instrumental variables regression," *Econometrica*, 74(3):715—752.

Andrews, D.W.K., and Stock, J.H. (2007) "Testing with many weak instruments," *Journal of Econometrics*, 138(1):24—46.

Ansolabehere S., and Jones, P.E. (2010) "Constituents' responses to congressional roll-call voting," *American Journal of Political Science*, 54(3):583—597.

Asher, H.B. (1983) *Causal modeling*. Beverly Hills, CA: Sage.

Baron, R.L., and Kenny, D. (1986) "The moderator-mediator variable distinction in social psycho-logical research: Conceptual strategic and statistical considerations," *Journal of Personality and Social Psychology*, 51(6):1173—1182.

Barro, R.J., and McCleary, R.M. (2003) "Religion and economic growth across countries," *American Sociological Review*, 68:760—781.

Basmann, R.L. (1960) "On finite sample distributions of generalized classical linear identifiability test statistics," *Journal of the American Statistical Association*, 55:650—659.

Baum, C., Schaffer, M., and Stillman, S. (2003) "Instrumental variables and GMM: Estimation and testing," *Stata Journal*, 3(1):1—31.

Beisley. D., Kuh, E., and Welsch, R. (2004) *Regression diagnostics: Identifying influential data and sources of collinearity*. New York: Wiley.

Bentler, P.M.(1990) "Comparative fit indexes in structural models," *Psychological Bulleting*, 107(2):238—246.

Bentler, P. and Bonnett, D.(1980) "Significance tests and goodness of fit in the analysis of covariance structures," *Psychological Bulletin*, 88(3): 588—606.

Bentles P.M., and Freeman, E.H.(1983) "Tests for stability in linear structural equation systems," *Psychometrika*, 48(1):143—445.

Bentler P.M., and Raykov, T.(2000) "On measures of explained variance in nonrecursive structural equation models," *Journal of Applied Psychology*, 85:125—131.

Berry, W.(1984) *Nonrecursive causal models*. Beverly Hills, CA: Sage.

Blau, P. M., and Duncan, O. D. (1967). *The American occupational structure*. New York: Wiley.

Bollen K.A.(1987) "Total, direct and indirect effects in structural equation models," in C.C.Clogg(ed.), *Sociological Methodology*. Washington, DC: American Sociological Association: 37—69.

Bollen. K. A. (1989a) "A new incremental fit index for general structural equation models," *Sociological Methods and Research*, 17 (3): 303—316.

Bollen, K.A.(1989b) *Structural equations with latent variables*. New York: Wiley.

Bollen, K. A. (1996) "An alternative two stage least squares (2SLS) estimator for latent variable equations," *Psychometrika*, 61 (1): 109—121.

Bollen, K.A., Kirby, J.B., Curran, P.J., Paxton, P., and Chen, F.(2007) "Latent variable models under misspecification two-stage least squares (2SLS) and maximum likelihood(ML) estimators," *Sociological Methods & Research*, 36:48—86.

Bollen, K.A., and Kmenta, J.(1986) "Estimation of simultaneous equation models wih autoregressive or heteroscedastic disturbance," in J.Kmenta (ed.), *Elements of econometrics*. New York: Macmillan: 704—711.

Bollen, K.A., and Ting, K.-F.(1993) "Confirmatory tetrad analysis," in P. V.Marsden(ed.), *Sociological Methodology*, Vol.23. Cambridge, MA: Blackwell: 147—176.

Bollen, K.A., and Ting, K.-F.(1998) "Bootstrapping a test statistics for vanishing tetrads," *Sociological Methods & Research*. 27:77—102.

Bollen, K.A., and Ting, K.-F.(2000) "A Tetrad test for causal indicators," *Psychological Methods*, 5:3—22.

Bound, J.Jaeger, D.A., and Baker, R.M.(1995) "Problems with instrumental variables estimation when the correlation between the instruments and the endogenous explanatory variable is weak," *Journal of the American Statistical Association*, 90:443—450.

Brehm, J., and Rahn, W.(1997) "Individual-level evidence for the causes and consequences of social capital," *American Journal of Political Science*, 41:999—1023.

Browne, M.W.(1984) "Asymptotically distribution-free methods for the analysis of covariance structures," *British Journal of Mathematical and Statistical Psychology*, 37:62—83.

Chen, F., Curran, P., Bollen, K., Kirby J., and Paxton, P.(2008) "An empirical assessment of the use of fixed cutoff points in RMSEA test statistics in structural equation models," *Sociological Methods and Research*, 36(4):462—494.

Claibourn, M.P., and Martin, P.S.(2000) "Trusting and Joining? An empirical test of the reciprocal nature of scial capital," *Political Behavior*, 22:267—291.

Cornwell, C., and Trumbull, W.(1994) "Estimating the economic model of crime with panel data," *Review of Economic Studies*, 76:360—366.

Cragg, J.G.(1968) "Some effects of incorrect specification on the small-sample properties of several simultaneous-equation estimators," *International Economic Review*, 9:63—86.

Curran, P.J.(1994) *The robustness of confirmatory factor analysis to model misspecification and violations of normality*. Unpublished doctoral dissertation, Arizona State University, Tempe.

Curran, P.J., Bollen, K.A., Chen F., Paxton, P., and Kirby, J.(2003) "Finite sampling properties of the point estimates and confidence intervals of the RMSEA," *Sociological Methods and Research*, 32(2):208—252.

Curran, P.J., West, S., and Finch, J.(1996) "The robustness of test statistics to nonnormality and specification error in confirmatory factor analysis," *Psychological Methods*, 1:16—29.

Culter, D.M., and Glaeser, E.L.(1997) "Are Ghettos good or bad?" *Quarterly Journal of Economics*, 112:827—872.

Duncan, O.D.(1975) "Introduction to structural equation models," New York: Academic Press.

Duncan, O.D., Featherman, D., and Duncan, B.(1972) *Socioeconomic background and achievement*. New York: Seminar Press.

Duncan, O.D., Haller, A.O., and Portes, A.(1968) "Peer influences on aspirations: A reinterpretation," *American Journal of Sociology*, 74(2):119—137.

Durbin, J.(1954) "Errors in variables," *Review of the International Statistical Institute*, 22:23—32.

Ebbes, P., Wedel, M., Bockenholt, U., and Steememan T.(2005) "Solving and testing for regressor-error(in) dependence when no instrumental variables are available: With new evidence for the effect of education on income," *Quantitative Marketing and Economics*, 3:365—392.

Efron, B.(1987) "Better bootstrap confidence intervals," *Journal of the American Statistical Association*, 82:171—185.

Ethington, C.A., and Wolfle, L.M.(1986) "A structural model of mathematics achievement for men and women," *American Educational Research Journal*, 23:65—75.

Fisher, F. M.(1961) "On the cost of approximate specification in simultaneous equation estimation," *Econometrica*, 29:139—170.

Fox, J.(1980) "Effect analysis in structural equation models," *Sociological Methods and Research*. 9(1):3—28.

Fox, J.(1991) *Regression diagnostics: An introduction*. Newbury Park, CA: Sage.

Fox, J.(2009) *A mathematical primer for social statistics*(T.F.Liao, ed., Vol.159). Thousand Oaks, CA: Sage.

Fukuyama, F.(1995) *Trust: me social virtues and the creation of property*. New York: Free Press.

Fuller, W.(1977) "Some properties of a modification of the limited information estimator," *Econometrica*, 45:939—953.

Gill, J.(2006) *Essential mathematics for political and social research*. Cambridge. UK: Cambridge University Press.

Goldberg, S.(1958) *Introduction to difference equations*. New York: Wiley.

Greene, V.L.(1977) "An algorithm for total and indirect causal effects," *Political Methodology*, 4:369—381.

Greene, W.H.(2008) *Econometric analysis*(6th ed.). Upper Saddle River,

NJ: Prentice Hall.

Guggenberger, P.(2010) "The impact of a Hausman pretest on the asymptotic size of a hypothesis test," *Econometric Theory*, 26:369—384.

Hahn, J., and Hausman, J.(2002) "A new specification test for the validity of instrumental variables," *Econometrica*, 70(1):163—189.

Hahn, J., Hausman, J., and Kuersteiner, G.(2004) "Estimation with weak instruments Accuracy of higher order bias and MSE approximations," *Econometrics Journal*, 7(1):272—306.

Hansen, L.(1982) "Large sample properties of generalized method of moments estimators," *Econometrica*, 50(3):1029—1054.

Hausman, J.A.(1978) "Specification tests in econometrics," *Economeirica*. 46:1251—1271.

Hausman, J. A. (1983) "Specification and estimation of simultaneous equation models," In Z. Griliehes and M. D. Intriligator (Eds.), *Handbook of econometrics* (Vol. 1). New York: North-Holland: 392—448.

Hayduk. L.A.(2006) "Blocked-error-R^2: A conceptually improved definition of the proportion of explained variance in models containing loops r correlated residuals," *Quality and Quantities* 40:629—649.

Heise, D.R.(1975) *Causal analysis*. New York: Wiley.

Hipp, J.R., Bauer, D.J.(2002) "CTANEST: Program for testing nested and categorical tetrads," Retrieved December 3, 2010, from http://webfiles.uci.edu/hippj/johnhipp/ctanest1.htm.

Hipp, J.R., and Bollen, K.A.(2003) "Model fit in structural equation with censored, ordinal, and dichotomous variables: Testing vanishing tetrads," *Sociological Methodology*, 33:267—305.

Hoxby, C.M.(1996) "How teachers' unions affect education production," *Quarterly Journal of Economics*, 111:671—718.

Hoxby, C.M.(2001) "All school finance equalization are not created equal," *Quarterly Journal of Economics*, 116:1189—1231.

Hu, L.-T., and Bentler, P.M.(1995) "Evaluating model fit," in R.Hoyle (ed.), *Structural equation modeling: Concepts, issues, and applications*, Thousand Oaks, CA: Sage.

Hu, L.-T., and Bentler, P.M.(1999) "Cutoff criteria for fit indexes in covariance structure analysis: Conventional criteria versus new alternatives," *Structural Equation Modeling*, 6(1):1—55.

Jeong, J., and Yoon, B.H.(2010) "The effect of pseudo-exogenous instrumental variables on Hausman test," *Communications in Statistics—Simulation and Computation*, 39:315—321.

Joreskog, K. and D.Sorbom(1986) *LISREL VI: Analysis of Linear Structural Relationships by Maximum Likelihood and Least Square Methods*. Mooreville, IN: Scientific Software.

Judd, C., and Kenny, D.(1981) "Process analysis: Estimation mediation in treatment evaluations," *Evaluation Review*, 5:602—619.

Kaplan, D.(1988) "The impact of specification error on the estimation, testing, and improvement of structural equation models," *Multivariate Behavioral Research*, 23:69—86.

Kaplan D., and Bollen, K.A.(2009) *Structural equation modeling: Foundations and extensions*. Thousand Oaks, CA: Sage.

Kelejian, H.H.(1971) "Two-stage least squares and econometric systems linear in parameters but nonlinear in the endogenous variables," *Journal of the American Statistical Association*, 66:373—374.

Kennedy R.(2008) *A guide to econometrics* (6th edition). Malden, MA: Blackwell.

Kirby, J.B., and Bollen, K.A.(2009) "Using instrumental variable tests to evaluate model specification in latent variable structural equation models," *Sociological Methodology*, 39(1):327—355.

Kmenta, J.(1997) *Elements of econometrics*(2nd edition). Ann Arbor: University of Michigan Press.

Kritzer, H.M.(1984) "Mothers and fathers and girls and boys: Socialization in the family revisited," *Political Methodology*, 10:245—265.

Levitt, S.D.(1996) "The effect of prison population size on crime rates: Evidence from prison overcrowding litigation," *Quarterly Journal of Economics*, 111:319—351.

Liska, A., and Bellair, P.(1995) "Violent crime rates and racial composition: Convergence over time," *American Journal of Sociology*, 101(3):578—610.

Lockwood, C., and MacKinnon, D.(1998) "Bootstrapping the standard error of the mediated effect," in *Proceedings of the 23rd Annual SAS Users Group international Conference*. Cary, NC: SAS Institute: 997—1002.

Long, J.S.(1988) *Common problems/proper solutions: Avoiding errors in problems/proper solutions: Avoiding errors in quantitative research.* Newbury Park, CA: Sage.

MacKinnon, D., Krull, J., and Lockwood, C.(2000) "Equivalence of the mediation, confounding and suppression effect," *Prevention Science*, 1(4):173—181.

MacKinnon, D., Lockwood, C., and Williams, J.(2004) "Confidence limits for the indirect effect: Distribution of the product and resampling methods," *Multivariate Behavior Research*, 39(1):99—128.

Magdalinos, M.A., and Symeonides, S.D.(1996) "A reinterpretation of the tests of overidentifying restrictions," *Journal of Econometrics*, 73: 325—353.

Markowitz, F. E., Bellair, P. E., Liska, A. E., and Liu, J. (2001) "Extending social disorganization Theory: Modeling the relationships between cohesion, disorder, and fear," *Criminology*, 39:293—319.

McFatter, R. M. (1979) "The use of structural equation models in interpreting regression equations including suppressor and enhancer variable," *Applied Psychological Measurement*. 3:123—135.

Moreira, M.(2003) "A conditional likelihood test for structural model," *Econometrica*, 71(4):1027—1048.

Murray, M.P.(2006a) "Avoiding invalid instruments and coping with weak instruments," *Journal of Economic Perspectives*, 20(4):111—132.

Murray, M.P.(2006b) *Econometrics. A modern introduction.* Boston: Pearson.

Namboodiri, K.(1984) *Matrix algebra: An Introduction*(R.G.Niemi, ed., Vol.38). Beverly Hills. CA: Sage.

Paxton, P.(1999) "Is social capital declining in the United States? A multiple indicator assessment," *American Journal of Sociology*, 105: 88—127.

Paxton, P.(2002) "Social capital and democracy: An interdependent relationship," *American Sociological Review* 67(2):254—277.

Paxton, P.(2007) "Association memberships and generalized trust: A multilevel model across 31 countries," *Social Forces*, 86:47—76.

Preacher, K., and Hayes, A. (2008a) "Asymptotic and resampling strategies for assessing and comparing indirect effects in multiple mediator models," *Behavior Research Methods*, 40(3):879—891.

Preachers, K., and Hayes, A.(2008b) "Contemporary approaches to assessing mediation in communication research," in A.Hayes, M.Slater, and L.Snyder (eds.), *The SAGE sourcebook of advanced data analysis methods for communication research*. Thousand Oaks, CA: Sage: 13—54.

Putnam, R.D.(1993) *Making democracy work: Civic traditions in modern Italy*. Princeton, NJ: Princeton University Press.

Raftery, A.(1995) "Bayesian model selection in social research," *Sociological Methodology* 25:111—163.

Rigdon, E.E.(1995) "A necessary and sufficient identification rule for structural equation models estimated in practice," *Multivariate Behavioral Research*, 30(3):359—383.

Sadler, P., and Woody, E.(2003) "Is who you are who you are talking to? Interpersonal style and complementarity in mixed-sex interactions," *Journal of Personality and Social Psychology*, 84:80—96.

Sargan, J.D.(1958) "The estimation of economic relationships using instrumental variables," *Econometrica*, 26:393—415.

Schwarz, G.(1978) "Estimating the dimension of a model," *Annals of Statistics*, 6(2):461—464.

Shah, D.V.(1998) "Civic engagement interpersonal trust, and television use: An individual level assessment of social capital," *Political Psychology*, 19:469—496.

Shea, J.(1997) "Instrumental relevance in multivariate linear models: A simple measure," *Review of Economics and Statistics*, 79:348—352.

Sobel, M.(1982) "Asymptotic confidence intervals for indirect effects in structural equation models," *Sociological Methodology*, 13:290—312.

Sobel, M.E.(1988) "Direct and indirect effect in linear structural equation models," in J. S. Long (ed.), *Common problems/proper solutions: Avoiding error in quantitative research*. Newbury Park, CA: Sage: 46—64.

Staiger, D., and Stock., J.H.(1997) "Instrumental variables regression with weak instruments," *Econometrica*, 65:557—586.

Steiger, J.H, and Lind, J.C.(1980) "Statistically-based tests for the number of common factors," Paper presented at *the annual spring meeting of the Psychometric Society*, Iowa City, IA.

Stock, J.H., and Yogo, M.(2005) "Testing for weak instruments in linear IV regression," in J.H.Stock and D.W.K.Andrews(ed.), *Identification and inference for econometric models*: *A festschrift in honor of Thomas Rothenberg*. Cambridge, UK: Cambridge University Press: 80—108.

Tanaka, J.K.(1993) "Multifaceted conceptions of fit in structural equation models," In K.Bollen and J.S.Long(Eds.) *Testing structural equation models*. Newbury Park, CA: Sage: 10—39.

Teel, J.E., Jr., Bearden, W.O., and Sharma, S.(1986) "Interpreting LISREL explained variance in nonrecursive structural equation models," *Journal of Marketing Research*, 23:164—168.

Tucker, L., and Lewis, C.(1973) "A reliability coefficient for maximum likelihood factor analysis," *Psychometrika*. 38(1):1—10.

Waite, L.J., and Stolzenberg, R.M.(1976) "Intended childbearing and labor for participation of young women: Insights from nonrecursive models," *American Sociological Review*, 41:235—251.

Wooldridge, J.(2002) *Econometric analysis of cross section and panel data*. Cambridge: MIT Press.

Wooldridge, J.M.(2009) *Introduction to econometrics*: *A modern approach* (4th edition) Cincinnati. OH: South-Western.

Wu, D.M.(1974) "Alternative tests of independence between stochastic regressors and disturbances: Finite sample results," *Econometrica*, 42(3):529—546.

Young, C.(2009) "Model uncertainty in sociological research: An application to religion and economic growth," *American Sociological Review*, 74:380—397.

Zeilner, A.(1962) "An efficient method of estimating seemingly unrelated regression equations and tests for aggregation," *Journal of the American Statistical Association*, 57(297):348—368.

Zeliner, A., and Theil, H.(1962) "Three-stage least squares: Simultaneous estimation of simultaneous equations," *Econometrica*, 30(1):54—78.

译名对照表

autocorrelation	自相关
confidence interval	置信区间
comparative fit index	相对拟合指数
diagnostics	统计诊断
exclusion restriction	排除限制
finite-sample bias	有限样本偏差
generalized method of moments	广义矩估计
goodness-of-fit index	拟合优度指数
heteroscedasticity	异方差
limited-information method	有限信息方法
maintained model	保持模型
multicollinearity	多元共线性
normed fit index	赋范拟合指数
noncentral chi-square distribution	非中心卡方分布
incremental fit	增量拟合
omitted variables	遗漏变量
outlier	奇异值
over-identified model	过度识别模型
over-identifying restriction	过度识别限制
residual sum of square	残差平方和
root mean squared error of approximation	均方根近似误
sample moments	样本矩
simultaneous equation model	联立方程模型
structural model	结构模型
the adjusted goodness-of-fit index	调整拟合优度指数
three-stage least square	三阶段最小二乘
total sum of squares	总平方和
trace	迹
two-stage least square	二阶段最小二乘
vanishing tetrads test	消失的四分体测试

图书在版编目(CIP)数据

非递归模型:内生性,互反关系与反馈环路/(美)帕梅拉·M.帕克斯顿,(美)约翰·R.希普,(美)桑德拉·马夸特-派亚特著;范新光译.—上海:格致出版社:上海人民出版社,2016.12
(格致方法·定量研究系列)
ISBN 978-7-5432-2665-4

Ⅰ.①非… Ⅱ.①帕… ②约… ③桑… ④范… Ⅲ.①递归论-研究 Ⅳ.①0141.3

中国版本图书馆CIP数据核字(2016)第231365号

责任编辑 裴乾坤

格致方法·定量研究系列

非递归模型:内生性、互反关系与反馈环路

帕梅拉·M.帕克斯顿
[美]约翰·R.希普 著
桑德拉·马夸特-派亚特
范新光 译 武玲蔚 校

出　版 世纪出版股份有限公司 格致出版社 世纪出版集团 上海人民出版社 (200001 上海福建中路193号 www.ewen.co)	**印　刷** 浙江临安曙光印务有限公司
 编辑部热线 021-63914988 市场部热线 021-63914081 www.hibooks.cn	**开　本** 920×1168 1/32 **印　张** 6.25 **字　数** 122,000
发　行 上海世纪出版股份有限公司发行中心	**版　次** 2016年12月第1版 **印　次** 2016年12月第1次印刷

ISBN 978-7-5432-2665-4/C·156 定价:35.00元

Nonrecursive Models: Endogeneity, Reciprocal Relationships, and Feedback Loops

上海市版权局著作权合同登记号:图字 09-2013-596

格致方法·定量研究系列

1. 社会统计的数学基础
2. 理解回归假设
3. 虚拟变量回归
4. 多元回归中的交互作用
5. 回归诊断简介
6. 现代稳健回归方法
7. 固定效应回归模型
8. 用面板数据做因果分析
9. 多层次模型
10. 分位数回归模型
11. 空间回归模型
12. 删截、选择性样本及截断数据的回归模型
13. 应用logistic回归分析（第二版）
14. logit与probit：次序模型和多类别模型
15. 定序因变量的logistic回归模型
16. 对数线性模型
17. 流动表分析
18. 关联模型
19. 中介作用分析
20. 因子分析：统计方法与应用问题
21. 非递归因果模型
22. 评估不平等
23. 分析复杂调查数据（第二版）
24. 分析重复调查数据
25. 世代分析（第二版）
26. 纵贯研究（第二版）
27. 多元时间序列模型
28. 潜变量增长曲线模型
29. 缺失数据
30. 社会网络分析（第二版）
31. 广义线性模型导论
32. 基于行动者的模型
33. 基于布尔代数的比较法导论
34. 微分方程：一种建模方法
35. 模糊集合理论在社会科学中的应用
36. 图解代数：用系统方法进行数学建模
37. 项目功能差异（第二版）
38. Logistic回归入门
39. 解释概率模型：Logit、Probit以及其他广义线性模型
40. 抽样调查方法简介
41. 计算机辅助访问
42. 协方差结构模型：LISREL导论
43. 非参数回归：平滑散点图
44. 广义线性模型：一种统一的方法
45. Logistic回归中的交互效应
46. 应用回归导论
47. 档案数据处理：研究“人生”
48. 创新扩散模型
49. 数据分析概论
50. 最大似然估计法：逻辑与实践
51. 指数随机图模型导论
52. 对数线性模型的关联图和多重图
53. 非递归模型：内生性、互反关系与反馈环路
54. 潜类别尺度分析
55. 合并时间序列分析